纠偏中国

——建筑业的科学救赎

张雪峰◎著

- 挑战建筑业世界难题
- 专治建筑物奇难杂症

中山大学出版社
SUN YAT-SEN UNIVERSITY PRESS
·广州·

图书在版编目（CIP）数据

纠偏中国：建筑业的科学救赎/ 张雪峰著 .—广州：中山大学出版社，2015. 5

ISBN 978 - 7 - 306 - 05091 - 5

Ⅰ. ①纠…　Ⅱ. ①张…　Ⅲ. ①建筑工程—中国—现代
Ⅳ. ①TU - 092. 7

中国版本图书馆 CIP 数据核字（2014）第 280950 号

出 版 人：徐　劲
策划编辑：嵇春霞
责任编辑：嵇春霞
封面设计：曾　斌
版式设计：六子公司
责任校对：廖泽恩
特邀校对：刘立平
责任技编：何雅涛
出版发行：中山大学出版社
电　　话：编辑部 020 - 84111996，84113349，84111997，84110779
　　　　　发行部 020 - 84111998，84111981，84111160
地　　址：广州市新港西路 135 号
邮　　编：510275　　传真：020 - 84036565
网　　址：http：//www. zsup. com. cn　E - mail：zdcbs@ mail. sysu. edu. cn
印 刷 者：广州家联印刷有限公司
规　　格：787mm × 960mm　1/16　14. 5　印张　250 千字
版次印次：2015 年 5 月第 1 版　2015 年 5 月第 1 次印刷
定　　价：42. 00 元

序一

以高科技传递正能量

时光荏苒，一转眼与《纠偏中国——建筑业的科学救赎》这本书的主人公李国雄已经结识20余载了。

前几天，我出差去了温州，刚回到北京就收到了国雄发给我的电子邮件，其附件便是即将付梓的《纠偏中国——建筑业的科学救赎》书稿，甚是高兴。我当即匆匆浏览书稿。透过书稿中许多经典工程案例，我发现当年英姿勃发、奋发有为的李国雄已然成长为一名具有很高知名度的专家和企业家。国雄在特种建筑高新技术领域中取得如此卓越的成就，我真为他感到无上荣光，也从中受到了极大的鼓舞。

我与国雄多年交往，特别通过以往在建筑领域的会议，我对国雄逐渐有了更多的认识和了解，并与他成了忘年之交。我很乐意同他分享国内外岩土工程深基础领域前沿技术资讯及其发展趋势，乃至当下国内外时事变化的发展大局。他总是很细心地倾听意见，然后，不时地提出自己的坦诚看法。他是一个为人憨厚、谦逊而好学的典型儒商。他能在建筑高新技术领域做出那么多震惊业界的工程项目，多次攻克技术难题，取得国家乃至国际级的技术突破，有些技术难度和成就达到世界顶级水平而获得了吉尼斯世界纪录，如此等等，确实令人佩服不已。

多年来，国雄在艰苦创业的同时，一直在不停地读书和钻研技术，他在企业与校园之间不断奔走；每每攻克难关、取得成果和创业有成的时候，他总会及时地告诉我，并与我分享他的愉悦。

《纠偏中国——建筑业的科学救赎》一书，忠实地记录了国雄的创业历程及其鲁班建筑集团有限公司的辉煌业绩，字里行间流淌着阳光闪耀的正能量，读后让人钦佩不已。李国雄，无愧于“大雄鲁班”的美誉！“鲁班”公司，不愧为业界翘楚！

许溶烈

2014年11月17日于北京

（许溶烈：原建设部总工程师，瑞典皇家工程科学院外籍院士。）

序二

纠偏中国：
李国雄及其鲁班建筑集团的标本意义

[1]

人们习惯将李国雄称作建筑工程医生，因为他所做的工程不少与纠偏有关。看到他的鲁班建筑集团（以下简称“鲁班公司”）生意风生水起，不少人就纳闷了：为什么中国有那么多需要纠偏的建筑和工程？

记得有一次和李国雄聊天，他说起当年鲁班公司生意渐渐走上正轨的时候，他在德国的亲戚邀请他去欧洲发展；其时，鲁班公司虽然在业界已经有些许声望，但是离大红大紫、呼风唤雨还很远，李国雄本人也只是在业内有些名气，在当时“出国热”的时候，换作一般人，几乎不假思索地就会答应。可是，李国雄选择了婉拒。他说，自己的纠偏生意在中国。

这句话可以做多边联想。比如，你可以理解为李国雄爱国，也可以理解为他有浓厚的乡土情结。但是，这句话还有一个玄机，那就是，纠偏业务，在欧洲几乎没有什么生意；放眼四海，只有中国这片热土，才更适合李国雄和他的鲁班公司的发展。

今天，当李国雄的鲁班公司稳步发展傲视业界即将上市的时候，再回想起他的那句话，你在佩服李国雄极具远见的同时，是不是也有些许的无奈和困惑？

李国雄的鲁班公司迅速发展的背后语义是：这个国家的确有些问题，需要纠偏！

[2]

大到航天科技、深海打捞，小到油盐酱醋、针头线脑，只要有需求，就有生意。可是，当纠偏成为一项业务，且工程做到应接不暇的时候，是不是这个国家真的出现了什么问题？

有人将其归结为国民过于浮躁！在浮躁的心态之下，只顾眼前，罔顾今后；只看眼前得失，不管子孙后代；只要经济利益，不讲道德信誉；只求在位政绩，不管百姓死活……其实，说到底，纠偏生意做到“鲁班”这个分上，的确与当下中国的现实有关！

历史上，这个古老的帝国一直沉静如水。她既没有经历过大英帝国宪政运动时期的激越，也没有体验过美国西部淘金时代的亢奋，她甚至都缺少“蕞尔小国”（慈禧太后惯用词）日本大和民族的忧患和张力。几千年来恒定的小农经济社会，赋予了这个民族劳苦但安闲、贫穷但乐道的秉性，即如辛苦周游列国的孔子，还抽空站在河边捋着胡须说：逝者如斯夫！……无数的日子就这样如白驹过隙般逝去，直到帝国主义的舰炮轰开了大清帝国的口岸、直到十月革命如何如何、直到五四运动如何如何、直到“文革”如何如何……直到开放了、摸石头了、搞活了、下海了、赚钱了、征地了、搞房地产了、出国了、下岗了、上市了、破产了、强拆了、自焚了、毕业了、失业了、微信了、一夜那个啥了……忽然之间，这个民族集体陷入一种莫名的兴奋和狂欢之中，每个人都像炮冲的一样睡不着，碰头就谈投资，见面就说兼并……在北京前门附近的一个小酒馆里，三个看起来营养不良的汉子，就着一盘老醋花生，居然谈的是十个亿以上的项目。其中一个汉子含羞不语，偶尔露出怯意，因为他准备谈的项目才三个亿，不好意思张口了！

凭良心说，一向温文尔雅视金钱如粪土的中国人民能有如此激情，奋不顾身地投入“四化”建设的大潮中去，绝对不是一件坏事！问题是，当十几亿人民内心里只有一个符号“钱”、一个图腾“权”的时候，这个国家、这个民族可能就有病了！

有病怎么办？得治！

于是，我们看到，许多冷僻的生意在神州大地勃兴——

挖煤挖到土地千疮百孔，于是出现了“复垦”的生意；

大量污染产业破坏环境，于是出现了水质和土质修复的生意；

文化断裂，传承失修，于是出现了着怪模怪样汉服的国学班的生意；

留守老人孤单寂寞，于是出现了陪聊的生意；

眼见赚钱无门，于是出现了带路的生意；

视法律为无物，于是出现了专门捞人的生意；

……

上述每一门生意，都是这个古老国度奇葩的风景！说到建筑工程的纠偏，其信息量更大，需要纠偏的，有的是因为建设需要规划调整，有的属于突遇难题无从开解，还有不少却是因为规划短视无奈变更，有的是因为长官意志随意建设，当然，还有因为偷工减料拿回扣导致的工程质量低劣……还有一个大家忽略的原因——在中国，住宅楼只有70年的产权，商住楼只有50年的产权，你花大钱修造得那么好干嘛？几十年后还不是一样？拆！

所以，也就不难理解，为什么李国雄的鲁班公司能在中国获得如此迅猛的发展。答案极其简单，你只要每天留意一下新闻，就可能看到楼歪、路陷、桥塌的新闻，至于群死群伤的工程事故，国人也早已麻木了，事故总是要出的，差别只是时间的迟早和伤亡人数的多寡而已。当我们惊叹于江西赣州修建于900余年前的城市排水系统"福寿沟"至今完好畅通，仍然是赣州居民日常污水排放的主要通道的时候，我们有充分的理由为这个时代羞愧！当我们看到意大利、希腊，那些历经百千年沧桑的建筑，依然在今天散发着经典魅力的时候，不知道我们会不会冒出一句不合时宜的话：要是李国雄的鲁班公司设在那里，会不会连早餐钱都赚不到？

从这个意义上来看，李国雄和他的鲁班公司，在这个时代要是还不发达，真的无天理了！李国雄像一个大夫，把脉、会诊、下药、做手术！他以一个商人的身份，对浮躁的中国进行纠偏和医治。

[3]

猛然想起20世纪初。

那个时候，刚从帝王专制下解脱出来的中国，百孔千疮百废待举，尤其是那之前半个多世纪，中华民族历经了数不清的战火和灾难，国家和民族都积弱不堪。

于是，我们看到，那个时代的知识分子，选择了不同的救国救民的路径——

周恩来、邓小平等远赴海外，寻求中国复兴真经；鲁迅先生，以及郭沫若、郁达夫等痛心于国民“东亚病夫”的称号，东渡扶桑学习医学，希望改变和救治国人体质；李大钊、廖仲恺学习政法，寻找现代中国立国之路；蒋百里、周作人、孙立人等学习军事，探求强国强兵之道；茅以升学习工程，梁思成学习建筑；让人惊讶的是成仿吾，这位创造社的猛将，学习的则是兵器制造！……太多了，灿若星辰的那一代人，用自己所学，参与中国的改造和重塑的历史进程，他们启蒙中国、改造中国、纠偏中国、修正中国、塑造中国，并滋养中国，成为300年来最为璀璨的中华人文景观。

回到当下的中国，相当一部分知识分子顶着耀目的冠冕，实则沉沦于物质的洪荒之中，蝇营狗苟迷失自我；有的则充当利益集团的代言人，罔顾真理和真相；当然，还有一部分在勤劳地发声，说一些无关痛痒似是而非的话语，误导国人兼收渔人之利。

而《纠偏中国》这部书，说的是一个生于广州的知识分子及其团队，用自己所学，诊断中国，纠偏中国！

既然没有沧海横流的背景、成不了一挥手而天下应之格局，就应该凭借自己的知识，沉静地做好自己那一份工作。也许你的所做，只是熙来攘往喧嚣的中国里微不足道的一个节点，但是，当下的中国，需要千千万万这样的人沉下来，做好自己的事。如果所有的知识分子都能本着良心和良知做好自己的本分，都从经济、文化、教育、环境、慈善、医疗等不同的层面诊疗中国、纠偏中国、重塑中国，这个国家无疑会更好！

回到李国雄的纠偏工程，将其定义为当代中国建筑和工程的一种救赎，并不为过！从这个角度来看，李国雄及其鲁班公司，在当下有着标本意义！

[4]

但是，千万别把李国雄当作一个纯粹的一心向钱的商人，这个生在广州、长在广州的人，却有着让你讶异的气质和风格。无论是对熟人，抑或陌生人，说起自己及其鲁班公司的纠偏中国，那真叫滔滔不绝，有时容不得你插嘴。总之，他和我们常见的广州人有所不同。

但是，你也千万别把李国雄当作一个纠偏痴，只能在自己的领域纵横捭阖，出了他那一亩三分地就不辨东西！

实话告诉你，他其实还有那么一点愤青！有时他会在饭桌上指点大事激扬文字，说到激愤处，双目炯炯，还会辅以坚定的手势。偶有业务电话打来，他总是不耐烦地说：等一会，现在有正事！

嘘！这是个秘密，一般人我不告诉他！

汪　廷

2014 年 10 月 8 日于北京

（汪廷：瞭望中国杂志社副社长。）

序三

风云李国雄

李国雄不是影视明星，也不是靠买卖土地不断扩张财富的大土豪开发商，他是靠自主创新发展起来的民营企业家。李国雄麾下的广州市鲁班公司有限公司享誉中外，在企业通向成功的路上他是核心人物；如果用领军打仗来比喻他的话，他是一位善于攻坚克难、出奇制胜、不可多得的帅才。这本书把李国雄的创业事迹介绍给社会，可以使读者拨开喧哗与浮躁，思考和求索一种真正的实力，一种推动经济社会发展的能量，这就是《纠偏中国》一书的内涵和意义。中国民营企业的核心竞争力在哪里，当我们的资源枯竭、劳动力不再成为优势，我们的可持续发展依靠什么力量，而这种力量绝非时下看上去热闹的一些景象。希望通过介绍这本书，引发大家一些思考，让崇尚科学、求真务实、不断创新的精神真正成为中国的向心力。

没那金刚钻就别揽那瓷器活儿。李国雄是广州市鲁班公司有限公司的董事长，虽然功成名就，但从神态上看，依然呈现着孜孜以求的气度，更折射着某种文化气息，而看不出是经营一家大公司的商人。李国雄很是健谈，经济社会、文学历史、军事宗教无所不及，其思维和辩证力十分犀利，常常语出惊人，颠覆陈规，由此可见在博学思新、勇破篱樊之于他生命的分量。他是中山大学管理学院硕士生校外导师、华南理工大学土木与交通学院兼职教授，带着两支队伍，一支是集团公司，一支是学建筑的学生。他还应邀为中央驻穗的一些单位讲亚当·斯密的《国富论》，把资本交换、现代贸易、大工业国发展理论演绎得如一场 Talk Show。听众不断在问：他是谁？哪来的黑马？他秒杀了那些学院派的腔调，让人们听得痛快淋漓，如饱食篝火大餐。一旦谈到建筑领域，那是他的“老窝子”，他会以文化的表现形式描绘钢筋水泥，赋予它们生命；而引人入胜处，情景交融，拨人心弦，意境之深远令人叹服。一个人能把盖房子和修房子的事儿说得像艺术一样动听，真是世上少见。

现在把话题转到李国雄的功课上。20 世纪 80 年代，李国雄呕心沥血，潜心研究新技术，以求破解在建筑领域的特种技术难题，在建筑设计施工、岩土和基坑工程、建筑改造，纠偏平移工程等专业上，完成了从理论转化成实践的求索，实现了技术能量的储备。在这个阶段，李国雄虽然默默无闻，但已经有人关注到他。他参与了多项重要工程的设计和建设，他的表现非常突出，作为广东建筑领域的稀缺人才，已被权威机构圈定。

1991 年，西沙永兴岛的一项重点国防工程遇到难题，这个工程关系到岛上驻军吃水的问题，岛上的军用机场、码头都圆满完工，但建设的两个大型雨水集水池工程却经历了多次失败。永兴岛的高度仅高出海面一米，挖下去是珊瑚礁石，咸水汹涌而至。这项工程已经过军方专家多番攻势，又请来北京和上海的专家会诊，都没有结果。这时，广东建筑界的一教父级人物想到了李国雄，说这人是个奇才，可以请来试一下。李国雄被点将出马，这对他来说是非常重要的一次机会，是骡子是马可以拉出来遛一遛了。李国雄被送到岛上。能否破解技术问题，军方的专家们对这个 30 多岁的青年人期望值并不高。不过，既然请来了就请他一试身手，一把就将他推到风口浪尖上。结果出师不利，李国雄组织实施的工程同样败下阵来，工程被迫停止。国防工程有时间要求、质量要求，停工显然成了事故。总部十分关注，负责工程的军方指挥员更是心急如焚，李国雄被严厉责问，他成为被质疑和承担责任的焦点。面对技术难题，李国雄寝食不安，夜以继日地奋战，很快又拿出新的施工方案，但已不被信任；如果他坚持施工，必须签一纸“军令状”，工程一旦再出现问题，李国雄将承担政治、经济、军事责任。“胆大包天”的李国雄毅然签署了“军令状”，并最终获得工程的圆满成功。李国雄终于不负重托，克服了环境的重压和思想上的沉重包袱，一举攻破了技术难关。

能破解国家级的工程难题，他靠什么，靠的就是卓越的建筑学识、思考和实践能力。李国雄在珊瑚礁石上托起淡水的高精技术工程，得到军内外专家的高度称赞，他解决了在礁岛上吃水生存的世界难题。

永兴岛工程让李国雄声名鹊起，更主要的是成为他创业的一个起点。他一炮打响，成为破解建筑难题的一匹黑马，享誉全国。1993 年，李国雄来到了英国诺丁汉，站在了第五届国际矿山治水代表大会的讲台上，用英语宣读了有关“永兴岛工程”的学术论文。他是登上这一讲台的亚洲第一人，实现了历史突破。

没有把人做好，企业肯定做不好。李国雄能把企业做大做强是可以预见的。20 多年的时间，他白手起家，创建了实力雄厚的鲁班公司，他的事业遍及全国，福瀛海外。许多人认为，李国雄的鲁班公司凭借科技实力，将成为行业的“百年帝国”。谈到成功秘诀，他说谈不上什么秘诀，但有原则。他说：“一个有作为的企业家的成功，获得财富是事业的基础，没有核心技术实力和精神追求，企业不会有真正意义上的成功。我经营的鲁班公司企业，不仅仅要为今天的城市建设提供一流的服务，还要体现历史价值，更重要的是要实现人生价值，在某种程度上，我还蕴含着一种‘婉约’式的爱国主义情节。另外一个方面，作为知识分子创办企业，我追求经济利益，但在我的价值观里，经济利益并非高于一切，干一项大工程，如果我们把钱赚了，但对子孙后代生存的物质和文化环境留下了后遗症，即使经济利益再高，我也不会去做。比如说，当年，有人拉我去炒地皮，不客气地说，搞这个要通过隐蔽手段或不正当方式来获得，这种饮鸩止渴、成全自我的一定会被历史认清并加以清算，被天下人唾弃，这是我做人做事所要摒弃的，我把它列为绝不染指的禁区。其次是文化，经营企业要经营好文化，一定程度上，文化意识更要走在前面，它是一个引路的航标，这种文化是我们对科学技术的不断追求，对高尚精神境界的向往，把这两种文化内涵融入企业的血液里，必然会锻造出企业的开拓性和先进性的精神，最终转化到工作的质量上，落实到对社会的诚信和责任上，这是我的企业可持续发展的根本。我的企业文化也追求人本精神，让我的每一个员工都有发展空间，让他们实现人生的梦想。我为员工实现梦想提供大舞台，员工的追梦为企业的腾飞提供了文化底蕴，两者相得益彰。”

没有传奇就不是李国雄。2005 年初夏之际，也门总统特使穆萨伊德来到中国。他承担着一项抢修国家会议中心——也门国家航空公司办公大楼的建筑任务，因工程技术质量和时间的特殊要求，他把目光投向了中国；通过外交部、建设部的引荐，他在北京探访了一些建筑工程队，都没什么结果。有关部门把李国雄介绍给穆萨伊德。李国雄到了也门，当他看了其国家会议中心后，觉得此行意义非同小可。这个会议中心共12层，是意大利人设计施工的，在一个月前发生火灾，烧掉5层，门窗基本烧毁，只剩砖石结构。5个月后，阿拉伯国家的一个重要会议将在这里召开。穆萨伊德要求李国雄用4个月的时间将该会议中心修复。李国雄认真勘察工地现场：这个工程很复杂，从技术到文化，全是阿拉伯理念，甚至涉及宗教和政治，稍有不慎会弄出外交方面的问题。李国雄当场表示接受这个工程有困难。总统特使听了十分沮丧。他握住李国雄的手不放，诚恳地向李国雄坦言，这个工程因意大利的公司要价太高，他们才考虑请中国公司的，如果意大利人得知中国人做不了，他们的要价会更高，他们认为也门人的钱好赚，连日本公司也想搅进来赚一把。穆萨伊德的一番话使李国雄立即改变了主意，他骨子里不服输的那股劲被激发出来了。李国雄愤然道，这是欺负人！在李国雄亲自带领下，不到4个月时间，工程提前完工。也门政府组织了一支国际级的建筑专家队伍验收工程，他们从建筑加固、高新技术、用材质量、文化原貌，一项项用国际标准检测，结果令他们惊叹不已，这座令也门人自豪的国家会议中心比原来更漂亮、更美观、更坚固了。李国雄的工程获得全优。他带领工程队告别也门时，一行也门政府高官前来机场送行。总统特使穆萨伊德像亲兄弟一样拥抱了李国雄，亲吻了李国雄的衣襟，回到国内不久，李国雄又收到也门军方的邀请，希望李国雄继续援助也门人民。这次是军事工程，这是对中国企业的一种高度信任。

没有神勇担当就不成大气候。在《纠偏中国》这本书里，李国雄的每一个工程都具有传奇色彩。比如说，1992年震惊大上海的地铁工程，开挖到一个名叫广元路的地下路段时，遇到了软土层，工程进行不下去了，要按传统手段解决的话，道路及其两边的建筑物均要拆除，地面地下的水电、通信、燃气管线全部动大手术，特别是道路两边的文物，拆除了就是永远的损失。这个造价巨大、耗时漫长的开肠破肚的地铁工程，成了全国性难题。李国雄被邀请到上海时，一群全国顶级专家正在会议室等着他。一周前，李国雄已和他的两位军师挑灯夜战、反复论证，研究出破解这个工程的方案，名叫“三重管高压旋喷加固式”。这在当时国内从未有先例，但它的优点很突出：无需拆除建筑，道路及管线全部保留，更加不用封马路。李国雄在理论上和专家们深入切磋，实际上是争论，进一步说是较量，结果谁也未能胜出。当政府要按照时间效率、技术质量，要承包人担负法律责任和经济责任时，所有的人都退缩了，只有李国雄大声宣布，他敢于挑战这个工程，并能按规定时间全部完工。这又是一个没人干得了、只有李国雄敢干并干得十分完美的工程。李国雄的名字被写入了中国地铁工程建设的荣誉史册。

1995 年，李国雄在中国地铁建设史上再写辉煌。广州地铁一号线桩基托换工程。这是国内规模最大、要求最高的桩基托换工程，因为责任太重、技术质量要求太高，国企和私营公司都不愿接这个工程。这次李国雄又被政府点将，他带领他的科研班子披甲上阵，又以独创的“锚筋式承台连接法”等新技术，破解了地铁隧道从建筑物地下基础中直接穿过的难题，使地铁工程桩基托换技术成为国内的范本。在这类工程中，李国雄还把国家重点工程、2001 年深圳地铁桩基托换，实现了将 22 层高楼用千斤顶架空托起的首创，这一世界地铁史上的难以置信的“举重”，至今无人超越。

李国雄还能让一栋大楼从马路一侧“走”到另一侧，这种技术叫平移。被推动的大楼重达 1.5 万多吨，整栋大楼可以完好无损地平移三四十米，如果有要求，大楼还可以进行旋转，9 层楼的大楼里，所有人的工作生活不受任何影响。这项工程就是广西梧州福港楼平移旋转工程。

目前，中国还没有一支建筑团队能将如此大吨位的建筑物平移。对于李国雄来讲，类似平移这样的工程数不胜数。在全国范围内，平移的实践和创新，无论是数量或质量，李国雄都创造了无人比肩的历史。

这些年，李国雄带领着他的鲁班公司，完成了涉及国防、外交和国家抢险的重大工程，李国雄成为国内屈指可数的建筑特种抢险和抢修工程专家，被广东省政府评为“广东省优秀科技企业家”，被建设部评为“全国建设技术创新工作先进个人”，被全国工商业联合会评为“中国优秀民营科技企业家”，被中国施工企业管理协会评为“中国施工企业管理协会科学技术创新先进人物”。他被行内人誉为“抢险超人”。

《纠偏中国》这本书，描述了李国雄和他的时代，从中我们看到具有中国特色的建筑文化，其中蕴含着政治、经济理念，以及改革开放的时代精神。有一种人，从来不觉得自己是个人才，他认为只是遇到了好的机遇和舞台，然后用最好的舞姿酣畅淋漓地跳出了自己的生命模式，这就是李国雄。还有一种人，自认为是人才，甚至是天才，当没有人给他舞台时，他其实是个乞丐，这肯定不是李国雄。李国雄认为，企业的光明是企业家用灵魂燃烧的。我们非常欣赏这句话，这是富有血肉和灵魂的真切感言。李国雄认为，还应该感谢这个时代。比如，某些官员动辄吹嘘自己领导下某地的GDP增长了多少，往自己脸上贴金，实际上谁来干都是差不多的水平，真正的增长是时代的增长。一个企业家真正的财富是思维模式和深刻的思想体系，这是认识世界和创造世界的能力；而实际上，一个人的真正财富也就是思想和精神。《纠偏中国》是一本非常值得学习的书、励志的书、有收藏价值的书。

张　诚

2014年10月12日于广州

（张诚：原广州军区专业作家。）

目录

CONTENTS

纠偏中国——建筑业的科学救赎

壹 “鏖战”西沙——挑战建筑业世界难题的首场秀

国家国防重点工程——永兴岛地下淡水池工程，因地质与水文条件复杂，多家实力雄厚的建筑集团均束手无策。面对各方的质疑，顶着巨大的压力，李国雄带领刚成立一年的鲁班公司，秉承“挑战建筑业世界难题，专治建筑物奇难杂症”的理念，运用三重管高压旋喷技术，创造性地解决了珊瑚岛修建淡水池的世界性难题。两年后，在英国诺丁汉召开的第五届国际矿山治水代表大会上，作为唯一的亚洲人，李国雄宣读了《旋喷技术在珊瑚礁岛建设上的应用》论文。

1. 永兴岛淡水工程的挑战 / 2

1991 年，永兴岛上各项军事基础设施建设基本完工，但地下淡水池修建工程却屡战屡败。这把李国雄和他的刚组建不到一年的鲁班公司推向了前台。

2. 师生情深，建筑生涯的引路人 / 5

如果说工程上的疑难杂症是挡在路上的妖魔鬼怪，李国雄就是孙悟空；打不过他们，就去搬救兵找如来佛祖——吴仁培老师。

3. 三军开拔，却落下了总指挥 / 9

怎么打好这场“硬仗”？李国雄意识到，没有金刚钻就不能揽瓷器活，一定要聚拢一支专家团队才能上“战场”！

4. 船停琛航岛 / 11

面对墨汁一样的大海，灵魂被恐惧惊醒，他恍然顿悟——要实现自己的目标，不是与自然对抗，而是要适应天时、顺势而为。

5. 调整方案 / 12

本该注浆的土层没有注进去，水泥浆都涌进了旁边的土层，相当于打枪脱靶，子弹全射到别人靶子上。

6. 美丽的“西沙公主” / 15

战士们兴致勃勃地在海滩上卷起裤脚，拾最美的贝壳献给可爱漂亮的“西沙公主”。

7. 城下之盟 / 19

两国交兵，哪有中途偃旗息鼓的。退缩就意味着是失败、是逃兵，这不是李国雄的个性，更有悖于鲁班公司“挑战世界建筑难题”的口号。

8. “三重管高压旋喷”破解世界难题 / 22

李国雄对古建国的敬意油然而生。他哪里料到，当他骂古建国“军阀”的时候，古建国却为了国家利益、为了国防建设呕心沥血，承受着巨大的痛苦和牺牲。

贰 急流勇进
——做时代潮流浪尖上的一滴水

李国雄9岁丧父，小小年纪就体会到了世态炎凉，更让他一夜之间变得成熟。他博览群书，成绩优异，但“大学梦”却被时代的浪潮击碎。他当过木匠，砸过石头，做过知青，但一次次的挫折从未将他击倒。1977年恢复高考，李国雄考上大学；1991年，又毅然投身商海，率先筹办建筑界民营高新科技企业——鲁班公司，并响亮地提出“挑战建筑业世界难题，专治建筑物奇难杂症”的口号。走前人未走过的路，做前人未做过的事，李国雄紧紧把握时代的脉搏，立志做时代浪花上的一滴水。

1. 成长的困惑　/ 28

父亲去世时，李国雄9岁。一个9岁的孩子还不能理解死亡的含义，更无法预料父亲的去世会给他和这个家庭带来什么。

2. 畅游书海的“故事大王”　/ 31

李国雄每天遨游书海，然后把书中的故事绘声绘色地讲给小伙伴听，引来一批忠实的小听众，也为他赢得了“故事大王”的绰号。

3. 挣扎在城市的边缘　/ 34

在建筑工地当小工的李国雄，苦活、累活、没人干的活都要干，最累的是每天抡起大锤，把斗大的石头砸成碎石。

4. 知青岁月，动心忍性　/ 38

村里11 000千伏的高压电线坏了，李国雄翻出电工手册，拿着工具爬上电杆，半个多小时居然修好了。

5. 高考：过了重点，上了中专　/ 41

秋收季节，李国雄白天下地劳动、晚上复习功课，再苦再累，他都熬过来了，人生难得几回搏，这次机会他无论如何不能错过。

6. 大学苦读，躲进小楼成一统　/ 43

为了充实教师队伍，学校决定选拔一批优秀人才，重点培养，留校任教。成绩突出的李国雄率先走进了郭校长的视野。

7. 时代潮流浪尖上的一滴水　/ 47

1991年，李国雄创办中国建筑界第一家民营高新科技企业——鲁班公司，并响亮地提出“挑战建筑业世界难题，专治建筑物奇难杂症”的口号。

叁 房屋纠偏
——开创一个全新的行业

房屋纠偏虽然不是一个新名词，但将房屋纠偏作为产业发展第一人的却是李国雄。他带领鲁班公司完成了纠偏工程的工具化、机械化、制动化，为房屋纠偏作为一个全新产业的诞生奠定了技术基础。从断柱顶升到射水法、断桩、断墙、多支点工具式顶升、顶升迫降等，纠偏技术在工程实践中逐渐改进和创新，最终完成了合格向优秀、卓越的迈进。靠技术立足，靠口碑发展，李国雄认为：经济效益不是最重要的，更重要的是通过科研攻关与技术创新，树立品牌，引领行业发展。只有这样，才能把鲁班公司打造成真正的百年老店。

一、“断柱顶升”治好“楼歪歪” / 52

对此类倾斜楼层，传统的补救措施只是加固地基，但无法改变倾斜状态；如果直接拆除重建，则会给饭店造成巨大损失。

二、危楼高百尺，扶正人不觉 / 53

3 个月的施工中，住户们上上下下、来来往往，直到施工队伍撤离，才发觉楼已经“扶正”了！

三、矛盾论，实践论 / 56

从断柱顶升到射水法、断桩、断墙、多支点工具式顶升、顶升迫降等，纠偏技术在工程实践中逐渐改进和创新，最终完成了合格向优秀、卓越的迈进。

四、拔“楼”助长 1.78 米 / 58

将高 7 层、重 9 000 多吨的办公大楼整体升高 1.78 米，这样的工程国内罕见。鲁班公司不仅顺利完成顶升，恢复了大楼的整体形象，还免费赠送了顺诚公司一个面积达 800 平方米的停车场。

1. 当“鲁班”找上“鲁班” / 58

鲁班公司斜楼能扶正，大楼能“搬家”，能不能把埋了一截的办公楼升高？我们这个“鲁班”搞不定的事，也许李国雄的“鲁班”就能完成呢。

2. 7 层大楼顶升 1.78 米 / 60

到工地上参观者达千余人，有建筑界的专家领导、工程院院士，也有中央、省市及港、澳、台地区媒体的记者，他们竞相一睹大楼顶升的一幕。

3. 75 万元工程费，送还 300 万元停车场 / 64

要把公司打造成建筑界一流的高科技企业，把“鲁班”做成真正的百年老店，经济效益不是最重要的，更重要的是通过科研攻关与技术创新，树立品牌，引领行业发展。

肆 地铁攻坚

——创造多项世界纪录

李国雄常说自己是“爱吃螃蟹的人”，因为他每次面对的“奇难杂症”都是前所未有的。20 世纪 90 年代以来，李国雄带领鲁班公司先后参与了上海、广州、深圳等城市的地铁建设，连续攻克了国内顶尖施工单位甚至是外国专家都不能解决的技术难题。建成上海地铁一号线第一个旁通道；完成了广州地铁一号线的建设中——国内地铁首例桩基托换工程；至今，深圳地铁一号线荷载 1 890 吨的桩基托换工程仍然保持着世界最大轴力桩基托换工程的纪录，“鲁班”集团也由此成为建筑界一流的民营高科技企业。

一、修建上海地铁一号线第一个旁通道 / 68

上海地铁一号线是国内修建的第二条地铁线路，李国雄再用三重管高压旋喷技术建成第一个旁通道，解决了困扰中外专家的难题；然而，面对鲜花和掌声，李国雄却选择了急流勇退。

1. “过江龙”遇上“拦路虎” / 68

专家们包括法国专家都没有遇到过在如此厚的淤泥里修建旁通道的情况，几个月过去了，他们拿不出有效的解决方案。

2. PK： 民营科技企业VS大型国有企业 / 70

三月的上海，春寒料峭，迎着黄浦江上凛冽的寒风，李国雄犹如猎人遇上了猎物，劲头又来了。

3. 鲁班公司带来的春天气息 / 73

李国雄习惯了逆向思维，比照之前的方案，他首先明确新方案必须具备以下三点：一是不允许封马路，二是不允许拆房子，三是不允许破坏管线。

二、广州地铁一号线中的国内首例桩基托换工程 / 76

在广州地铁一号线的建设中，鲁班公司运用独创的“锚筋式承台连接法”等独创技术，完成国内地铁首例桩基托换工程，破解了地铁隧道从建筑物地下基础中直接穿过的难题。

1. 夺标，“硬骨头”花落“鲁班” / 76

这是一场关乎公司声誉、关乎国家尊严的战斗，李国雄只有一个信念：在这场战斗里，只能成功，不许失败！

2. 先吃三明治，再布锚筋阵 / 79

打新桩就像是在螺丝壳里做道场，工人在暂时搬空的首层施工，高度仅3米，而一般打桩钻孔却需要10多米高的空间。

3. 地铁，从楼群下穿过 / 83

“向这样一个国际级的技术难题挑战，‘鲁班’确实不简单。”参与地铁建设的国内外专家交口称赞。

三、深圳地铁一号线中的世界最重桩基托换工程 / 86

作为鲁班公司深圳分公司的启动项目，李国雄成功完成了深圳地铁一号线上荷载1 890吨的世界最大轴力桩基托换工程。除了技术上的积累，李国雄在企业经营上也有了更深的领悟。

1. 羽扇纶巾，谈笑间，樯橹灰飞烟灭 / 86

作为一个民营高科技企业，我们要学会时刻保护好自己的业绩，保护好自己的无形资产，品牌和口碑才是我们最大的财富。

2. 粗心大意留隐患 / 87

深圳地铁总公司指定，深圳地铁一号线3C标段的桩基托换工程，不管哪家公司投标，都要联合鲁班公司一起投。

3. 1 890吨和+1，-3 / 90

承重桥的变形量是+1至-3。也就是说，托换完成后，最终桩基的下沉量不能超过0.3厘米，上升不能超过0.1厘米。

4. 吃亏是福 / 94

作为一家民营高科技企业，鲁班公司的最终目的是企业的发展壮大，打造中国建筑界的百年老店，不能只顾一时意气，只争一时得失，正所谓“和气生财”。

伍 平移技术
——在城市扩建与拆除中寻找平衡

中国建筑物平移发端晚于发达国家60余年，但发展迅速，平移技术也日臻成熟，跻身世界前列。李国雄曾主持了国内首例大型建筑物平移工程，也曾创下了最重平移工程的吉尼斯世界纪录。作为中国建筑物平移技术的奠基人和开拓者，李国雄不依靠外国技术，从打桩、铺轨道，到给建筑物穿“旱冰鞋”，一次次完成了平移技术的突破性进展，真正推动了“中国平移”走向成熟和完善。2007年年底，李国雄受邀参与中国工程建设标准化协会标准《建筑物移位纠倾增层改造技术规范》的编写工作，“中华平移第一人”的称号实至名归。

一、国内首例最大的平移工程 /98

阳春大酒店平移是广东省内首例建筑物平移工程，也是当时国内最大的平移工程，李国雄综合多年工程实践技术经验，率鲁班公司完成了建筑物平移的首次尝试。

1. 国内平移领域的空白 /98

阳春大酒店楼高7层，对这样的建筑物实施平移，在国内业界还是空白。

2. 投标——机会留给有准备的人 /101

李国雄率鲁班公司的到来，打破了只有一家公司投标的格局。他不仅拿出了详细的施工方案和设计图纸，还从理论上、技术上做了科学的论证和解释。

3. 厚积薄发，专利技术显身手 /104

运用的虽然是成熟的专利技术，李国雄却不敢掉以轻心。浇铸完上底盘，又用千斤顶进行顶托实验。

4. 号子一喊楼让路 /106

经过6天的紧张施工，阳春大酒店终于按照人们的意愿向后退了6米，为105国道阳春段的建设让出了一条通途。

二、平移技术的里程碑 /108

中国建筑物平移发端晚于发达国家60余年，但发展迅速。目前，建筑物平移数量是世界其他国家建筑物平移数量的数倍，平移技术也日臻成熟，跻身世界前列。

1. 楚国的山上有只大鸟，一停3年不飞不叫 /108

在李国雄的强力推进下，鲁班公司励精图治，开拓创新，用了将近3年的时间，在建筑物平移技术上取得了实质性的突破。

2. 挑战平移技术的世界难题 /110

一项新技术，如果成本太高，就不具备推广价值，就没有生命力，也就不可能成为公司业务新的增长点，不可能发挥更广泛的社会意义。

3. 铁轨替代桩基 /113

农历大年三十，合同规定工程工期的最后一天。李国雄和技术人员、工人们一起，在工地上端着搪瓷碗，吃着简单的“团圆饭”。

三、中华平移第一人 /116

从“铺轨道”到给大楼穿上“旱冰鞋”，广西梧州福港楼平移工程不仅在平移技术上有了新突破，还创下了最重平移工程的吉尼斯世界纪录，李国雄“中华平移第一人”也实至名归。

1. 问鼎吉尼斯 /116

第二天，各大媒体报道本次盛会的时候，不约而同地给李国雄取了一个响当当的名号——中华平移第一人！

2. 市场破解官僚主义，竞争推动科技进步 /118

经过对3家公司方案的反复比较，鲁班公司的方案报价最低，操作性最强，技术含量最高，安全系数最大，福港楼的业主们一致把赞成票投给了鲁班公司。

3. “大笨象”跳起华尔兹 / 120

福港楼平移创造了当时国内建筑物平移史“楼层最高、面积最大、重量最重”三项纪录。

陆 文物保护
——留住珍贵的历史记忆

文物，代表着人类珍贵的历史记忆，因为其不可再生性具有不可估量的价值。主持过多项文物保护工程的李国雄，不仅是珍贵文物的见证者，更是珍贵文物保护的参与者。从历时数月、轰动一时的锦纶会馆平移、芳村德国教堂平移，到不为人知但意义重大的保护岭南奇石、挖掘“岭南第一简”，李国雄和鲁班公司对于文物保护的实践与创新，为城镇化进程与文物保护矛盾问题的妥善解决开创了一条新路子，也为今后现代化城市中的地上文物保护工作增添了宝贵经验。

一、锦纶会馆的整体移位与修缮 / 126

锦纶会馆平移是国内甚至世界建筑物平移案例中难度最大的工程之一，它将建筑物平移技术推到了一个新的高度，为古建筑的保护开辟了新的思路。

1. 平移，让路 / 126

专家们最后一致同意，采用整体移位方案，并由鲁班公司根据专家意见制订具体平移设计方案和施工组织方案。

2. “五花大绑”托起“水豆腐” / 129

锦纶会馆平移要保留会馆的“原汁原味”，一片瓦都不能掉下来，如果未能圆满完成，我将承担起所有的责任。

3. 纵横移步，力士举鼎 / 133

一个铜锥从梁上垂悬下来，锥尖下面平放一把水平尺，尺端放一个乒乓球。平移过程中，铜锥没有一丝摇晃，乒乓球没有任何滚动，连水平尺的气泡也一直未见离开中线。

4. 落地生根，修旧如旧 / 138

锦纶会馆的整体移位，为城镇化进程与文物保护矛盾问题的妥善解决开创了一条新路子，也为今后现代化城市中的地上文物保护工作增添了宝贵经验。

二、信义教堂的平移与保护 / 142

位于芳村信义路的德国古教堂，始建于清光绪八年（1882 年），由德国建筑专家设计，很多建筑材料都是从德国进口。鲁班公司首次采用斜向平移技术，将教堂整体以约 73 度的角度向东南方向斜向平移 26.3 米，缩短了平移距离，节省了工程成本。

1. 德国领事送来的宝贵资料 / 143

一家民营的高科技企业，在激烈的市场竞争中，如何能够脱颖而出、屹立不倒？李国雄认为，最重要的是企业的“工匠精神”。

2. 首创斜向平移方式 / 145

本次平移中，鲁班公司采用了创新技术——斜向平移方式，将建筑物整体以约 73 度的角度向东南方向斜向平移 26.3 米。斜向平移的难度更大，但是缩短了平移距离，节省了工程成本，为鲁班公司首创。

3. 教堂回归“出生地” / 148

经过3天的斜移，教堂终于回到了原址。由于经过了精密测算，在来回斜移过程中，教堂没有开裂，只有少数零碎材料损坏，主体结构完好无损。

三、保护岭南奇石、天外飞榕 / 149

树不能倒，石山也不能破，树和山两者可谓是一对相生的矛盾。

四、巧夺天工挖掘“岭南第一简” / 152

如何在不破坏文物的情况下，将古井下的木简完整取出，难倒了众考古专家。

柒 工程抢险
——一个企业家的社会责任

铁肩担道义，是一个优秀的企业家对社会应尽的义不容辞的责任。和父亲一样，李国雄的血液里流淌着报国担当的理想。在工程抢险的危难关头，很多人选择回避，而李国雄却总是挺身而出，鲁班公司也在这种直面生死的挑战前不断创新、发展。1996—1998年，鲁班公司参加编写了我国第一本《建筑基坑工程技术规范》；1999年，鲁班公司被广州市建委指定为工程抢险队之一，李国雄被任命为广州市抢险工程专家成员之一。

一、责任担当，源自父辈的基因 / 156

李泉热血沸腾，此刻，他已毅然暗下决心——弃商从军，卖掉工厂，捐献国家，参军抗日。

二、鲁班大楼抢险，扶危楼于将倾 / 161

鲁班大楼不仅为公司赢得了第一桶金，也让李国雄尝到房地产的甜头。但他依然保持清醒的头脑，把公司定位为民营科技企业，把重点放在科技攻关与技术创新上。

1. 大楼随时都会倒塌 / 161

歪向一边的建筑物，在几秒钟内，在没有任何征兆的情况下，又突然歪向另一边，这不是玩积木、过家家，这是一栋真实的、重达千万吨的、钢筋水泥结构的7层建筑物。

2. 扶危楼于将倾 / 164

钢丝绳就从倾斜的楼顶垂放下来，李国雄马上命令把准备好的一块大石头系在绳子上，对着石头下垂的位置，在地面上插一根钢筋，标上刻度，两三分钟时间，一个简单的放大版的线锤就做好了。

3. 化险为夷，赢得第一桶金 / 167

在所有人都不看好的情况下，李国雄不仅没有被打垮，而是成功化险为夷，赢得第一桶金。

三、长堤大马路电话大楼抢险 / 171

面对长堤大马路抢险工程中的巨大风险，有的人选择了回避，而李国雄选择了勇往直前，选择了作为一个优秀企业家应有的社会责任和担当。

1. 临危受命 / 171

“行，我马上赶到!”李国雄毫不犹豫地答应了。在他看来，铁肩担道义，是他对社会应尽的义不容辞的责任。

2. 调兵遣将　/ 175

对于自己苦心浇灌培育的这枝奇葩，李国雄他何尝不知道其间的不易与艰辛，何尝不知道应该倍加珍惜和呵护。

3. 连续奋战三昼夜　/ 178

这就是战友，是兄弟，是伙伴，是同志，平时为了不同的理念可以争吵、可以拍桌子，但关键时候却能抛开分歧、精诚团结、攻坚克难。

四、也门国家航空公司办公大楼修复加固工程　/ 182

当时，也门工业落后，许多工程都缺乏技术指导，一些建筑行业、科研机构听说总统请来了中国建筑界的专家维修国家航空公司办公大楼，纷纷向李国雄发出邀请函，请他来指导工作、参加研讨会或讲学。

1. 会晤也门总统特使　/ 182

李国雄对科学的执着让特使十分感动，李国雄的博学多才也让特使十分钦佩，他赞美真主让他在异乡遇到了知音，对李国雄的称呼也由“Mr Li”变成了“Professor Li”。

2. 有朋自远方来　/ 187

一辆军车在前面开道，车顶上驾着机关枪，特使陪李国雄乘坐的三菱越野吉普车紧随其后，接下来是技术人员乘坐的中巴车，后面又是压阵的军车，车队威风凛凛地穿过黄沙漫漫的萨那。

3. 友谊天长地久　/ 190

临别那天，索菲娅小姐没有到机场送别，托人带给李国雄一个小木雕，是一个长发少女的侧面像。

五、丰田汽车城抢险改造　/ 194

在丰田汽车城的抢险改造工程中，李国雄珍惜与日本专家在一起的机会，从他们身上学到了严谨科学、精益求精的工作作风；而鲁班公司的成功经验也让日本专家伸出大拇指：“‘鲁班’，行！中国，行!”

1. 光武的疑惑　/ 194

李国雄的准确判断，令光武十分佩服，这为他与李国雄下一步的沟通建立了良好的互信基础。

2. 给日本专家“上课”　/ 197

日本是个多地震的国家，其建筑专家更多的精力是研究如何把楼盖得结实牢固，而对于如何处理建筑物的裂、漏、沉、斜等奇难杂症，并不是行家里手，尤其缺乏处理类似案例的经验。

3. 精益求精的方案　/ 200

厂房地面全部水平恢复的当天，日本专家非常兴奋，特意开香槟为李国雄和鲁班公司的成功庆祝。

附录

广州市鲁班建筑集团有限公司发展大事记　/ 203

引子

鲁班，我国古代传说中一位巧夺天工的能工巧匠、发明家；他周游各地，架桥建屋，创造了一个又一个奇迹，被尊为我国土木建筑的“始祖”。

1991年，李国雄率先创办建筑界民营高新科技企业，命名为广州市鲁班建筑防水补强专业公司（2007年发展为广州市鲁班建筑有限公司，2011年发展为广州市鲁班建筑集团有限公司，均简称为“鲁班公司”），以整治建筑物的裂、漏、沉、斜为主攻方向，以“挑战建筑业世界难题，专治建筑物奇难杂症”为使命，工程业务包括建筑设计与施工，岩土工程，基坑支护工程，建筑物补强加固、托换、改造、纠偏、平移工程，等等。

20多年来，鲁班公司完成了上万计的建筑工程，创造了可观的社会财富价值，在建筑界创下数十项“第一”的业绩。其经典工程有上海地铁软土开挖支护和旁通道建造工程，广州、深圳地铁桩基托换工程，西沙永兴岛淡水蓄水池建造工程，广州锦纶会馆平移工程，也门国家航空公司办公大楼的加固工程，长堤大马路电话大楼抢险工程，等等；获国家、省、市科技进步奖数十项，赢得政府乃至社会各界的广泛赞誉。这些

成绩的背后，贯串着现代“鲁班人”勇于实践、大胆开拓的精神，与我们“始祖”的创新精神一脉相承。

2011 年，北京大学私募股权基金及企业上市高级研修班开学，在同学见面会上，老师要求每个学员做自我介绍，并给自己起个昵称。

鲁班公司的创始人、董事长兼总工程师李国雄给自己起名叫“大雄”。

他说这个名字有两层含义。一是中国佛教寺院中，大雄宝殿就是正殿，也称为大殿，是整座寺院的核心建筑，殿内供奉释迦牟尼的佛像，也是众僧朝暮集中修持的地方。大雄是佛的德号。大者，是包含万有的意思；雄者，乃降伏群魔之意。释迦牟尼佛具足圆觉智慧，雄镇大千世界，因此佛弟子尊称他为大雄。二是小时候看日本动画片《哆啦 A 梦》，其中的大雄是发明专家，是智慧的象征。他形象滑稽，憨态可掬，给观众带来不少欢乐；更重要的是他心地善良，重义气，关键时候能挺身而出，帮助了无数的朋友。李国雄为自己取名“大雄”，希望自己能成为一个大气、智慧、善良、快乐的人。

李国雄，博士，教授级高级工程师、国家一级注册结构工程师，任广东省土木建筑学会理事、广东省文物专家委员会（古建筑专业）委员等。1996 年，被广东省人民政府授予“广东省优秀科技企业家”称号；2000 年，被建设部评为全国建设技术创新工作先进个人；2007 年，荣获“中国优秀民营科技企业家”称号，同年被评为“中国施工企业管理协会科学技术奖技术创新先进人物”；等等。2014 年 12 月，李国雄承担的科研项目“建筑物移位改造工程新技术及应用”获得 2014 年度国家技术发明奖二等奖。由于具有优秀的企业管理专业理论及实践，李国雄被中山大学管理学院聘为硕士生校外导师，被华南理工大学聘为兼职教授。如今，无论是“大雄”本人，还是他领导的“鲁班”，都称得上是业界翘楚。

壹

『鏖战』西沙

——挑战建筑业世界难题的首场秀

国家国防重点工程——永兴岛地下淡水池工程，因地质与水文条件复杂，多家实力雄厚的建筑集团均束手无策。面对各方的质疑，顶着巨大的压力，李国雄带领刚成立一年的鲁班公司，秉承『挑战建筑业世界难题，专治建筑物奇难杂症』的理念，运用三重管高压旋喷技术，创造性地解决了珊瑚岛修建淡水池的世界性难题。两年后，在英国诺丁汉召开的第五届国际矿山治水代表大会上，作为唯一的亚洲人，李国雄宣读了《旋喷技术在珊瑚礁岛建设上的应用》论文。

1991 年 10 月，西沙永兴岛。

海岛初秋，午后的空气里依然沸腾着炙热阳光的味道。

骄阳下，一个皮肤被晒成古铜色、胡子拉碴的中年汉子陷入沉思。

他就是鲁班公司的总经理李国雄。

一个月前，他上岛时还是一个文弱白静的书生。

那时，他踌躇满志，率领刚成立不到一年的鲁班公司登上西沙永兴岛，渴望实现“挑战建筑业世界难题，专治建筑物奇难杂症”的梦想。

可如今，工程被指挥部叫停了。望着眼前狼藉一片的工地，他想，难道自己的梦想就这样折戟沉沙吗？

不！国家兴亡，匹夫有责。国家国防重点工程已不仅仅只是关系到鲁班公司的荣辱成败，而是关系到国家在南海战略意图能否实现，关系到祖国的南疆能否长治久安的大问题。想到这，李国雄的犟劲又来了——就是再难啃的硬骨头、再难攻克的堡垒，也要下定决心把它强攻下来。

李国雄仔细梳理着登岛施工以来的每一个细节。

当初和吴仁培教授反复讨论定下的方案是科学的，施工过程中的每一个步骤也没有问题，那是什么环节出问题了呢？一定是先期入场的工程队提供的地质资料不准确。对，肯定是这里出了问题。

李国雄心情一下子豁然开朗。他要说服工程指挥部，重新做地质勘探，然后根据新的地质资料，调整施工方案。

可是，工程指挥部会相信他的判断吗？能接受他的方案吗？

1. 永兴岛淡水工程的挑战

1991 年，永兴岛上各项军事基础设施建设基本完工，但地下淡水池修建工程却屡战屡败。这把李国雄和他的刚组建不到一年的鲁班公司推向了前台。

1990 年初，在广东省建筑工程学校（简称“建工学校”）当老师的李国雄做出了一个大胆的决定，投身商海，并于 1991 年组建建筑界的高新科技企业——鲁班公司，同时提出“挑战建筑业世界难题，专治建筑物奇难杂症”的响亮口号。

公司成立后，尽管业务不断，甚至有些工程也有很大难度，但都与“奇难杂症”“世界难题”相距甚远。

1991年，挑战世界难题的机会终于来了。

1991年，永兴岛上各项军事基础设施建设基本完工，但地下淡水池修建工程却屡战屡败。这把李国雄和他的刚组建不到一年的鲁班公司推向了前台。

这一年，无论对于李国雄，还是对于刚成立不到一年的鲁班公司来说，注定都是一个挑战之年，更是一个机遇之年。

这个机会得从南海领土争端说起。

南海诸岛自古以来就是中国的神圣领土，有关国家也承认中国对南海不可争辩的主权。然而，1968年联合国有关资源机构发表南海拥有丰富石油资源的报告后，南海的平静态势被打破了。南海周边国家如越南、菲律宾、马来西亚、文莱、印度尼西亚纷纷提出对南海岛屿的主权要求，有些国家甚至采取军事行动占领岛屿。南海诸岛被掠夺得支离破碎，海域被分割，岛礁被侵占，资源被掠夺。很显然，南海诸岛之所以引起周边国家和地区的垂涎，是由于它们在经济和战略方面的重要性日趋明显。

越南是唯一提出对南沙群岛（简称"南沙"）、西沙群岛（简称"西沙"）拥有全部主权的国家，也是南海争端最大的既得利益者。其扩张野心最大，对我国构成的威胁也最大。1973年7月至1974年2月，越军先后侵入南沙。1975年2月14日，越南发表的"白皮书"，声称对西沙和南沙群岛拥有"主权"；之后，不断进行军事挑衅，鲸吞蚕食，加强对所占岛礁的基础建设，增强岛礁防御作战能力，加紧对油气资源的掠夺。

1988年3月中旬，中国海军为保卫祖国神圣的领土，在南沙群岛与挑衅的越南海军展开激战，惊心动魄的战斗仅仅持续不到28分钟，就以中国海军大获全胜宣告结束。

镇守南海，重在西沙；西沙之重，全在永兴。永兴岛是南海诸岛最大的岛屿，是连接西沙、中沙、南沙的"交通枢纽"，一旦南沙发生战事，解放军可确保拥有一条从永兴岛到南沙的相对安全的补给通道。潜艇、战舰和战机可在雷达指引下，从西沙方向向南沙群岛挺进，永兴岛成为中国捍卫主权的前哨阵地。由于岛上没有机场，战斗机由海南岛起飞，航行至西沙已耗去将近一半的能源，作战效能有限。如果再要巡航至南沙，最多也就只有飞一圈的时间了。如果不修建机场，空军在南沙只是象征意义。

21世纪将是海洋的世纪，为了捍卫国家主权，加强对南海海域的控制，战后不久，中央军委决定，在西沙永兴岛常驻海巡舰船维持对南沙的定期巡逻，实行登陆演习，苦练陆战队精兵，显示收复疆土的决心，并加大对永兴岛的军事基础设施建设；机场建成后，作战飞机进驻西沙，大大提高了中国在南沙、西沙的防务能力，永兴岛将成为中国南海一艘永不沉没的“航空母舰”。

永兴岛军事基地建设作为国家国防重点工程，工期为3年。1989年6月，海军某部工程兵进驻施工，到1991年初，岛上的营房、雷达、机库、通信营、军用机场、潜艇基地、军舰码头等基本完工，比预定工期约提前1年。但两个大型雨水集水池修建工程，由于岛上地质及水文地质独特，施工难度极大，采用了多种办法都无法解决，这一巨大的拦路虎，使工程指挥部主要负责人古建国大校如鲠在喉，一筹莫展。

西沙在汉代时被称为“珊瑚海”，宋代又有“千里长沙，万里石塘”之称。这里的“长沙”指的是珊瑚沙洲，“石塘”指的是环礁。热带海水是培育珊瑚的温床，而珊瑚的残骸和遗体堆积出环礁的沙滩。永兴岛是一座由白色珊瑚贝壳沙堆积在礁平台上而形成的珊瑚岛，这些20厘米至2米直径的大大小小的珊瑚礁岩石之间充满了沙，与海相连，找个地方随便一挖，海水便渗上来，加之珊瑚礁岩石坚硬，抗压强度高达210千克/平方厘米，要在这样的地质环境下挖出一个地下水库简直不可能。之前请的几个工程队都束手无策。施工失败的工程队都撤下岛去，而主要负责人却要留在岛上，配合即将到来的工程队继续施工，直到淡水地下水库建设完工才能离开。

眼看工期将近，军令如山，古建国甚至想过最原始也是最危险的施工办法，派潜水分队在水下作业，先在水下实施爆破，再人工潜水开挖。但这种方法由于机械无法作业，不仅工程进度缓慢，也极易出现塌方，危及人身安全。古建国和他的团队一筹莫展。

古建国，广东梅州人，曾就读华南理工大学（简称“华工”）建筑工程系，毕业后投笔从戎，从事军事工程建设多年，施工经验丰富。20世纪80年代末，晋大校军衔，任西沙工程前线指挥部负责人。1991年春节，几年没有回家过年的古建国准备从湛江回老家梅州过春节；其另一个主要目的，就是路经广州时拜访恩师吴仁培，就淡水地下水库建设工程一事请教老师，聆听高见。

吴仁培（1930—2011年），华南理工大学资深教授，华南理工大学原建筑工程系主任，曾任广东省岩石力学与工程学会第一、第二届理事长，广东省科技发展专家顾问委员会第一届委员，广东省土木建筑学会第四届理事会顾问，是华南地区建筑界的权威和泰斗。

吴老师一辈子都奉献给了教育事业，桃李满天下，学生遍布广东省甚至全国，有很多学生都已成为本领域的专家教授，或走上领导岗位成了社会建设的主力军。广州锦纶会馆平移，广州星海音乐厅、63 层国际大厦的施工，当时最高层的广州宾馆基础处理，白云宾馆的钻孔冲孔桩，广州文化假日酒店的地基基础与地下室设计……都倾注了吴仁培教授的心血。

作为南粤建筑界泰斗的吴老师果然见多识广，他听完古建国的叙述，便建议说："既然垂直下挖不行，倒不如来个逆向思维，由珊瑚礁石和沙组成的疏松地基，灌水泥浆进去就形成混凝土，在开挖之前，用化学灌浆的方法，把淡水池的底部和四周灌上水泥浆，这样不就形成了一个如同烟灰缸一样的混凝土框架，缸底和周壁并不需要太密实，如果有少量水进来，用抽水机抽出即可。这样在做好的缸内施工，既可展开机械化操作，又避免了塌方的危险。"

吴老师深入浅出，用烟灰缸这一简单形象的比喻把复杂的问题说得清清楚楚，古建国豁然开朗，佩服得五体投地，只恨没有早一点来拜见恩师。欣喜万分的古建国又请教，哪家施工队可以完成这样的工程项目，吴老师"仙人一指"，推荐了李国雄的鲁班公司。事情很快就初步确定下来。有了恩师的锦囊妙计和师弟的倾力援助，胸有成竹的古建国心情大好，也得以过了一个安心年。

后来，李国雄回忆说，这一幕十足是武侠小说里边的片段：南粤吴氏门下大弟子，在外遭遇对手，不敌，便回师门请师傅下山除恶；而他就是跟随师傅下山的贴身弟子，牵着师傅的衣角，开始闯荡江湖。

2. 师生情深，建筑生涯的引路人

如果说工程上的疑难杂症是挡在路上的妖魔鬼怪，李国雄就是孙悟空；打不过他们，就去搬救兵找如来佛祖——吴仁培老师。

国家国防重点工程，来不得半点儿戏。

吴仁培老师之所以推荐李国雄和他刚成立的鲁班公司承接永兴岛淡水池的建设，绝不仅仅因为李国雄是吴仁培老师的得意弟子，而是基于他对李国雄人品的充分了解以及对其专业技术知识的充分肯定。

1977 年，李国雄参加"文革"恢复后的首次高考。李国雄的成绩过了重点大学分数线，可是阴差阳错，直到第二年 3 月，李国雄收到的竟然是一所中等专科学校——广东省建筑工程学校的录取通知书。

尽管不尽如人意，但有书读，又能回城，总比在乡下当知青、每天面朝黄土背朝天强。

4 月 8 日，李国雄毅然收拾行囊，入校报到。

“文革”刚刚结束，建工学校百废待兴，师资力量极度匮乏，尤其是专业课教师，数来数去也不过寥寥。为了解决师资力量薄弱的问题，在时任主管教务的副校长郭日继老师的倡议下，从华南理工大学建筑工程系请来数位教授兼职代课，吴仁培老师就是其中的一位。

吴仁培 1930 年出生于江苏省张家港市一个建筑世家，他的两位叔父均从事土建工程（主要是公路、桥梁）的设计与施工。大叔是 20 世纪 30 年代上海交通大学土木工程系的毕业生，后来还在国内及境外开设过设计师事务所及工程顾问公司。受家庭影响，1951 年秋，吴仁培以名列前茅的成绩考入上海交通大学土木工程系。一年后，全国大专院校大调整，吴仁培随土木工程系被并入同济大学，1955 年秋在同济大学结构系毕业，被分配到华南工学院（华南理工大学前身）工作。当时，学生上课没有统一的教科书，吴仁培老师就自己编写；他还参加由中国建筑工业出版社组织的全国高校统编教材《地基与基础》的编写，该书后来被评为出版社的优秀教材。

很多年后的今天，李国雄还会想起吴仁培教授给他上的第一堂课的那个下午。吴老师风度翩翩地走进教室，自我介绍之后，也不开始正式按课本讲课，而是告诉台下那些求知若渴的学生们：“我希望我教出来的学生，都是能把实践与理论相结合的工程师，而不是只会告诉别人怎么修大楼，自己却连一个厕所都不会修的呆子！”话音一落，全班哗然。当时，很多同学并没有真正理解这段话，李国雄却将吴老师的话牢牢记在心里。从那以后，无论是毕业之后留校当老师，还是后来自己走向社会创办企业，他始终将吴老师教导的“理论与实践相结合”的理念作为指导思想。

让吴仁培老师惊讶的是，建工学校这所小小的中专里面，还有不少很有潜力的好苗子，尤其是李国雄，数理化底子好，人又聪明，更重要的是还能吃苦、勤奋，上下课主动帮着吴老师搬教具，经常请教一些经过思考的问题。这个让郭日继校长赞不绝口的学生，也得到吴仁培教授的欣赏。从开始时的仔细解答李国雄的问题，到后来专程把李国雄叫到自己在华工的班上听课，李国雄已被吴仁培教授当成了入门弟子，有什么压箱底的好东西都倾囊而授。

听吴老师讲课是一种享受，他严谨的理论阐述结合着生动的实例，语言简练扼要，思路清晰，每听完一堂课都有丰厚的收获。从他那里，李国雄学到了理论结合实际的思维方法，开阔了解决疑难问题的思路，为今后的发展打下了扎实的基础。

1983 年，李国雄考上了华南理工大学建筑工程系，读本科，当时的系主任就是吴仁培教授。后来，李国雄考吴仁培老师的研究生，分数过了，尽管由于种种原因，没能读成，但勤奋好学又有天分的李国雄早已被吴仁培看成了自己的得意门生。以后，无论是在学校读书，还是在建工学校教书，还是成立公司，李国雄常跟吴老师到珠江三角洲（简称“珠三角”）许多县市以及湛江、汕头等地区工程建设工地实践，与工程人员打成一片。在这样一种工程实践与理论教学的良性循环中，李国雄积累了丰富的理论知识和实际操作能力。

在学术上，吴老师是十分严谨和实事求是的，绝不会趋炎附势，对于伪科学的行为非常不客气。他常说，规范（程）的许多条款无非是对以往实践的科学总结。由于我国疆域辽阔，地域条件差异巨大，像地基基础这类国家规范，一本书统管全国，其实是不科学的。特别是改革开放以来，有些规范草率推出，存在一些错误，我们岂能盲从？例如，由某建筑科学研究院主编的《钢筋混凝土高层建筑结构设计和施工规程》，其中为了保证建筑物的整体稳定而制定的有关基础埋深的规定，在概念上就是错误的，也不符合国内外的实践经验。吴教授时常接受有关这一问题的咨询。例如，某地拟建一高层建筑，由于场地内存在深厚的软弱土层，水文地质条件也很差，又地处闹市，幸好业主并不需要多层地下室，基坑开挖深度可尽量减小，可解决基坑支护、地下室施工等棘手问题。但审图中按上述规程规定，基坑必须要深挖进地下水极为丰富的厚沙层中才算合格。结果不仅大大增加了施工困难，还出现了一些危及邻近建筑群的安全事故。吴仁培教授认为，作为工程技术人员，遵循规范来做，自然并无过错；但严谨的吴教授此时已有“骨鲠于喉，不吐不快”的感觉了。他多次在广州及周边城市向工程界同行作学术报告，指出规程的错误之处，并详加分析解释，获得了普遍好评。这种严谨的工作作风和实事求是的态度，对李国雄的影响很大。

吴老师的这种理论与实践相结合的教学方法直接来源于他先进的教育理念。

1987 年 5 月，以清华大学、天津大学、同济大学、华南理工大学、南京工学院（1988 年改称东南大学）5 家学校联合发起的第一届全国土木工程系主任会议在湖北武汉召开，全国共有98所学校参加了会议。在会上，吴仁培教授以书面形式提出改变研究生培育方向的建议。他指出，研究生的培养不应该只考虑高校及研究部门对科研人才的需要，还应面向国家生产建设的主战场，应以理论结合实践的方式培养工程型硕士生、博士生，这样他们毕业后将能很快担当总工程师的工作。

这个建议得到了不少院校的认同。时任国家土木建筑学会教育委员会主委、清华大学土木系主任的陈肇元教授则认为，这种想法很好，但实施有难度。如清华大学，要找一批做研究的导师不难，但要找一名有丰富实践经验、善于解决工程实践中疑难问题的导师就不容易了。他对吴仁培教授说："培养工程型工学硕士、博士的建议虽好，但是清华做不到，你回去试试吧！"从中可以看出吴仁培老师对建筑理论的一贯主张。他认为建筑工程是一门应用性极强的学科，客观条件及情况千变万化，光有书本知识是远远不够的。因此，在教学方法上也不一样，不能仅限于课室，还要多参与工程实践，将课堂上的理论知识用到工程实践中去，再对工程实践中出现的问题做研究。

只有一流的老师才能带出一流的学生，李国雄一直认为，没有吴仁培老师就没有他今天的成就。毕业之后，李国雄还是每周都去找吴老师；吴老师要处理什么工程的问题，也会把李国雄带上旁听，教他怎么处理疑难杂症。吴老师和师母都十分喜爱这个待人厚道的弟子，把他当儿子待；而9岁丧父的李国雄也待师父和师母如自己的父母。吴老师在"文革"期间曾下放到干校做过厨师，所以，有时候，赶上吃饭的时候，吴老师炒几个拿手的菜，留李国雄在家吃饭。吴老师喜欢拉二胡，早在大学读书时，就参加了上海交通大学民乐社；在同济大学时，还曾在校广播站演奏二胡曲。谈论学问之余，吴老师拉上一曲，像《二泉映月》《汉宫秋月》，拉起来还真有几分专业水平的味道。在吴老师案头，除了大部头的建筑理论著作，还有不少文学著作，如沈从文、王蒙、陈丹青等近现代热门作家的文集。对于吴教授来说，阅读文学是一种高雅的、宁静的休闲。耳濡目染、潜移默化，李国雄从吴老师身上不仅学到了建筑知识，还学到了很多做人的道理、诲人不倦的精神和儒雅的风范。

吴仁培主张将课堂上的理论知识用到工程实践中去，而李国雄就是这种理论忠实的践行者。1991年，李国雄投身商海，成立了鲁班公司，吴老师即担任公司顾问；其"挑战建筑业世界难题，专治建筑物奇难杂症"口号的提出，与吴老师不无关系。吴老师清风傲骨、治学严谨，为保持学术独立，从不担任任何公司的顾问，鲁班公司是一个特例。

吴仁培老师是李国雄建筑生涯的引路人。按李国雄自己的说法，如果说工程上的疑难杂症是挡在路上的妖魔鬼怪，李国雄就是孙悟空；打不过他们，就去搬救兵找如来佛祖——吴仁培老师。二人的关系超越了师生，是父子、伙伴，是战友、同志。二者联袂，把理论运用于实践，在实践中发展理论，从而将理论与实践有机融合起来，完美演绎了教授和总工程师的双人舞。

2011 年，吴仁培老师去世，李国雄依然执弟子礼，对师母一如既往地予以照顾。

3. 三军开拔，却落下了总指挥

怎么打好这场"硬仗"？李国雄意识到，没有金刚钻就不能揽瓷器活，一定要聚拢一支专家团队才能上"战场"！

1991 年春节刚过，古建国就迅速赶回湛江，将吴老师的提议拟成方案，报上级有关部门，待批复同意后，便匆忙组织安排研讨会事宜。4 月，吴老师带上李国雄一行飞往西沙工程在湛江的总指挥部，与中国人民解放军总参谋部、海军总部有关技术部门赶来的技术专家、永兴岛一线施工的技术人员齐聚湛江，经过反复认证，大家一致认为，实施化学灌水泥浆方案可行。6 月底，鲁班公司和西沙工程指挥部签订合约，李国雄迅速赶回广州，组织人员，准备器械及各种料件，准备 8 月上岛施工。

要把这场"硬战"组织起来真不是儿戏，前期上岛施工的几个工程队的失败经验就是前车之鉴，那可是正牌的实力雄厚的大型国有企业。听说工程指挥部要求施工的工程队的主要负责人要无条件留在岛上、配合下一个施工队工作、直到工程完工的消息，李国雄的压力就来了：毕竟公司刚成立不久，缺兵少将，他虽然这么多年来跟随师傅学了一些"散打"功夫，但攻坚经验还不多，如果工程万一失败，他被无限期地留在岛上是小事，公司倒闭，也辜负了吴老师的信任，那后果就严重了。

怎么打好这场"硬仗"？李国雄意识到，没有金刚钻就不能揽瓷器活，一定要聚拢一支专家团队才能上"战场"！李国雄一面派人马不停蹄地买设备、选材料，一面四处联络、组织专家团队。他亲自赶赴北京中国煤炭科学院，请来了经验丰富的研究员张崇瑞；因为挖煤是垂直下挖几百米甚至上千米，防水、防漏等问题挖煤井的最有经验。张崇瑞对吴老师提出的方案没有异议，但认为注浆的力量单靠鲁班公司仍然不够，于是他介绍了全国注浆技术最过硬、经验最丰富的施工队——河南鹤壁煤矿下属某专业注浆队。李国雄又专程从北京赶到河南请他们派人帮助。经过一个多月紧锣密鼓的“排兵布阵”，人员、技术、装备等筹备工作基本就绪。

不久，南海舰队专程派一艘登陆舰到广州海心沙码头，计划将所有的设备和施工人员直接运送到永兴岛。由于在岛上施工，远离大陆，李国雄命令连螺丝钉都要准备多份的，因此准备设备、材料也花费了不少时间，而李国雄还从外地请了一批专家技术人员，一来二往，也折腾了不少时间。军舰已经到了几天，人员还没到齐，设备也没有准备完毕。由于工程的最后期限是1992年的6月，军令如山，非常紧迫，海军基地向军舰连发催促出发的“十二道金牌”，一道比一道紧急。在这个节骨眼上，鹤壁煤矿下属某专业注浆队却迟迟没有赶到。

怎么办，李国雄指挥若定，他一面加紧催促，一面查漏补缺，以保证上岛后施工万无一失。他信心满满地说：“不用担心，只要我不上船，军舰就不敢开走，因为我是工程队的总指挥。”还好，鹤壁煤矿下属某专业注浆队总算到达。属下通知李国雄，人员已全部登船，器械材料也已安排妥当，李国雄匆忙出发；当他赶到海心沙码头一看，哪里还有登陆舰的影子，只剩下一个在岸边等他的采购人员。他对李国雄说，舰长让通知李国雄携夫人两天后赶到湛江。李国雄有些失落，没想到三军开拔，单单落下了一个总指挥，真是出师不利！两天后还要携夫人去湛江，这更让李国雄有些纳闷。

又在家等了两天，李国雄按命令携夫人到了湛江。到了湛江才知道，“山重水复疑无路，柳暗花明又一村”。原来，军舰的行动，都有严格的时间和路线限制，为了等齐人员和设备，这艘军舰已大大超出了停留时间，他们在督促李国雄快速登船的同时，已经和湛江方面联系，得知最近恰巧有军舰到永兴岛慰问，就通知李国雄赶到湛江，随慰问船赴永兴岛。另外，古建国考虑，李国雄一上岛就要待上数月，特批李国雄可以携夫人前往。对于师兄的人性化安排，李国雄自是感激在心，但大战在即，工程施工成败未定，李国雄怎能贪图享乐，他决心一个人上岛，和同志们一起同甘苦、共患难。于是，参观了南海舰队，游览了湖光岩后，他将妻子送上回广州的汽车，自己乘军舰赶赴永兴岛。

4. 船停琛航岛

面对墨汁一样的大海，灵魂被恐惧惊醒，他恍然顿悟——要实现自己的目标，不是与自然对抗，而是要适应天时、顺势而为。

几天后的一个傍晚，伴随着长长的汽笛声，节日慰问船缓缓地起航，驶向西沙永兴岛。初次出海的李国雄作为重点照顾对象，被安排在紧靠医生的一个房间里。傍晚开船，大伙为了预祝旅途成功，小酌几杯。饭后，医生便让他吃了晕船药，并叮嘱回到房间平躺，不要走动。李国雄哪里按捺得住激动的心情，趁着暮色四合之际，在甲板上贪婪地观赏着南海落日、涛飞浪卷的美景，憧憬着冒险一样的旅程。一时间，壮志豪情借着酒劲在心头汹涌澎湃。

李国雄（右一）在去往西沙永兴岛的舰船上

第二天一觉醒来，李国雄发觉船已经停靠在码头了。难道这么快就到了西沙？一问才知道，军舰遇到了季风，浪太大，半夜折回了三亚榆林港。这一停靠就是一个星期，李国雄白天下船游历三亚秀美的风光，晚上跟舰长和船员们聊天，向他们学习到了不少航海知识，对海军的历史、建制、科技水平以及南海诸岛和西沙概况等等，都有了进一步的了解。

一个星期后的早上，军舰重新起航，傍晚到达慰问的第一站——琛航岛。琛航岛在永兴岛附近，是中国永乐环礁中较大的岛屿之一。李国雄随船上领导一起下船慰问守岛官兵。晚上，当再一次回到军舰时，他被眼前的景象震撼了。他以前见过被云霞光染成绯红色的海水，被蓝天映成蔚蓝色的海水，在海草映衬下藏青色的海水，而黑得如墨汁一样的海水，他还是第一次见到——那是一种让人无法形容的纯粹的黑，无法穿透，无法测量，分不清海天陆地，辨不清上下左右。后来，在永兴岛，李国雄度过了无数个这样的黑夜，他知道了深海中的黑夜都是这样。

苍穹同样深不可测，不远处的琛航岛完全被黑暗吞噬了。浩渺的夜空，星光闪烁，银河舞动，而它们好像在世界的另一边，发出的冷光无法刺透这个世界的黑暗。战舰剧烈地摇摆，大海发出可怕而低沉的轰鸣咆哮，李国雄似乎感到如墨汁一样的海浪在漫无边际地翻腾涌动着，他所乘的巨轮仿佛一叶扁舟被海浪裹挟着滑向无边的黑色深渊。一种莫名的恐惧突然扑面而来。他第一次感受到在大自然面前人类的渺小与无助，从小所接受的“与天斗、与地斗、与人斗”“人定胜天”“人有多大胆，地有多大产”等观念，此时此刻完全被颠覆，剩下的只是对大海乃至对大自然的一种敬畏。面对墨汁一样的大海，灵魂被恐惧惊醒，他恍然顿悟——要实现自己的目标，不是与自然对抗，而是要适应天时、顺势而为。

多年后读到亚当·斯密的著作，再联想起在西沙的经历，李国雄深深地佩服亚当·斯密的论述：大自然是不可抗拒的，社会也像一个强大的自然，人类本身就是大自然的一部分，是大自然的现象和产物；人类不需要过多担心、忧虑，只要按照上天的意思，潮起潮落，沧海桑田，人类社会也会慢慢地发展变化，由低级上升到高级。亚当·斯密是第一个把整个人类、整个经济体都作为自然的一部分的人；他曾无意中读了老子的《道德经》，非常惊讶，原来在两千多年前古老的中国，这个哲人就提出了“无为而治”的思想，可谓英雄所见略同。

不知什么时候，船又开动了，翌日早上 7 点半抵达永兴岛。2.13 平方公里的海岛被湛蓝的海水和洁白的沙滩环绕，如同镶嵌在西沙的一颗明珠。岛上绿树成荫，军旗迎风飘扬。前期到达的工程队已将器械设施布置完毕，各项准备工作都有条不紊地进行着。李国雄顾不上欣赏岛上的美景，马上投入紧张的工作中。

5. 调整方案

本该注浆的土层没有注进去，水泥浆都涌进了旁边的土层，相当于打枪脱靶，子弹全射到别人靶子上。

一切准备就绪，工程队开始按照既定的化学灌浆法开始注浆。此时，岛上的营房、雷达、机库、通信营、军用机场、潜艇基地、军舰码头等工程已进入尾声。李国雄抽空走访了在岛上施工的海军工程兵各部，这让他充分感受到了军人的豪迈，大块吃肉，大碗喝酒，在他们的感召下，李国雄的酒量渐长。没有节制的饮食，加之工程的巨大压力，这让他在下岛的时候，患上胃溃疡，身体几乎垮了下来。

轻松愉快的心情并没有维持太久，随着工程的进展，李国雄的心慢慢沉重起来。作业已经一个星期了，这么长时间的灌浆，地质条件应该会有明显变化，但根据各种数据显示却没有丝毫动静。李国雄隐约感觉不妙，他命令暂停施工，检查注浆效果，结果令所有人大吃一惊：本该注浆的土层没有注进去，水泥浆都涌进了旁边的土层，相当于打枪脱靶，子弹全射到别人靶子上。

永兴岛地下淡水池施工现场

海岛工程连着军委高层。每天下午 5 点半，北京方面都会准时打来军用长途电话询问工程进展情况，李国雄命令暂时汇报一切正常。谎报军情，李国雄压力很大，他必须以最快的速度搞清问题所在，并拿出可行的解决方案。

将所有设备检查一遍，都没有问题；再将方案推演一遍，也没有发现错漏。难道发包方提供的资料有问题？

李国雄迅速做了一个重要的决定——做抽水试验，对地质条件进行勘探。

很快，试验证明了李国雄的判断，发包方提供的资料并不准确。设计做成"烟灰缸"外壳的地方并不是含水丰富的粗沙层，而是透水性较差的粉状细沙层，这么密实、细腻的细沙层，化学水泥浆根本无法注入，浆液都涌进了旁边的粗沙层。

这个结果困惑了工程队所有的人。怎么办？大家心里都清楚，事情到了这一步，光提出疑问是不行的，必须拿出切实可行的解决方案！

李国雄带上岛的技术专家团发挥了巨大作用，他们连夜召开紧急会议。后来李国雄回忆说："多亏了大家群策群力，要不然，我可能就下不了岛了。"

站在巨人的肩膀上，组织专家顾问团，这成为鲁班公司能够攻克技术难关、出奇制胜的重要法宝之一。鲁班公司的口号是“挑战建筑业世界难题，专治建筑物奇难杂症”。要实现这样的目标，靠一个人的力量是无法实现的，必须有一个稳定的专家团队。在这个团队中，民主风气盛行，每一个人都把每一项工程当成自己的事业来做，自由地、充分地发挥自己的特长；而作为领航人的李国雄则把自己当作团队的一分子，虚怀若谷，不断学习。这样的方针和作风，形成了鲁班公司不可复制的核心竞争力，也是鲁班公司长盛不衰的“秘密”。

鹤壁煤矿下属某专业注浆队的专家率先提出——工作面注浆法。煤矿建井钻到1 000多米时，通常也会涌水，他们就用工作面注浆法，在表面注浆，等浆凝固，把这层凝固的水泥挖掉，再注，再挖。这些珊瑚礁都是透水层，如果能打无数个点，每一个点都能注浆，就可以把这一层都固结成一个板块，固结3米左右、开挖2米，再往下固结3米、挖2米，一直到淡水池做好。

工作面注浆法虽然可行，但耗时费力，成本将超过预算的10倍。而且由于淡水池工程工期第二年6月必须完工，还要留出至少两个月时间给海军工程兵做主体结构工程，这意味着给鲁班公司也最多只留下6个月的施工时间。此时已是9月底，而工作面注浆法，注浆下去后必须等浆固结，才能开挖，无法连续作业，加之工程量大，在工期上都无法满足要求，只能放弃。

晚上，李国雄想起了前期工程失败留在岛上的几个工程师，如今他们过着半渔民的生活，皮肤被热带阳光射得黝黑发亮。难道自己也要重蹈他们的覆辙?！想到这，李国雄心头凛凛的满是寒意。一夜无眠，第二天，继续开会。

李国雄首先开腔：“低压注浆灌不进去，我们能否选用高压注浆？我在书上看到过，用20个兆帕的定向喷射方法，喷射一周就可以形成一个碟子。有资料显示，国外有一种叫三重管高压旋喷的技术，压力可以达到30个兆帕，水、气体、浆同时打进去，切割和搅拌力很高。但不知道国内有这种技术没有？”

张崇瑞到底是北京来的专家，见多识广，李国雄的话提醒了他：“我们国家有这样的技术，是水利部门引进的。”

原来，水利部门为了加固江河堤坝，从国外引进了三重管高压旋喷技术。简单地说，就是在钻孔的同时插入一条竖管，管子表面有孔，加压灌水泥浆，压力可以达到30兆帕。按照这个压力，如果是向空中喷射的话，理论上能喷射3 000米高；在喷射水泥浆的同时，灌入气体和水，利用气体和水切割地下泥土，切割开后灌入水泥浆，一边高压喷，一边旋转，最终等到水泥浆凝固时便形成一条圆柱。如此沿着江河堤坝中心喷出无数个圆柱连接起来，就等于在堤坝内部形成了一道水泥墙。

这种技术能否引用到淡水池工程的"烟灰缸"制作上呢?

经过反复论证，大家认为可以引用，做"烟灰缸"的大方案不改，只是工艺有所改进。并且一算，发现使用这种技术两个月就能解决问题，加上方案论证、料件准备，4个月，也就是春节前就可以完工。

问题有了眉目，大家长出一口气，马上以最快的速度形成方案，上报工程指挥部。

然而，在湛江海军基地的古建国接到李国雄要改变施工方案的报告后，却大发雷霆。

两年来，淡水池工程屡战屡败，如今有了吴老师的锦囊妙计，又有师弟亲自上岛，他信心十足地盼望能传来一战告捷的佳音；哪想，眼看工期日益逼近，却传来李国雄要改变施工方案的消息，拉到岛上的全部设备和材料都要换掉，产生的损失谁来负责？低压灌浆不行，谁能保证，高压灌浆的新方案不会像前几场施工一样，折戟沉沙！这些情况让古建国心急如焚。

军情紧急，不敢耽误，由不得他细细思考，便赶快上报总部。

李国雄停工待命，没想到，这一等就是3个星期。

昨天还一片忙碌的工地，今天突然沉寂下来，眼看重阳节将至，海岛的阳光依然毒辣，一个个大型钢铁器械在阳光下反射出耀眼的光，抚摸着被炙热阳光晒得发烫的工程器械，李国雄的内心充满了焦虑，他无法预料等来的会是什么样的结果。

6. 美丽的"西沙公主"

战士们兴致勃勃地在海滩上卷起裤脚，拾最美的贝壳献给可爱漂亮的"西沙公主"。

工地停工了，对工友们来说却是难得的休闲。他们早已习惯了海岛的烈日和海风，上山采野果、下海捉鱼，然后晒成果脯、干鱼片，以至于工程结束，离开海岛时，每个人大包小包的都是这些东西。

当时，永兴岛还没有开发，除了守岛的驻军外，岛上的居民很少。他们基本靠打鱼为生，生活很艰苦，岛上基本没什么生活设施，虽然生活不便，但生态保持很好。蓝天碧海、绿树银沙，离岛 1 公里左右的珊瑚礁平缓地向大海延伸着，这里完全是鱼的世界，可以清清楚楚地看到水下的珊瑚丛林、游动的鱼群、附在礁石上的各种海参或是鲍鱼，还有味道鲜美的贝类。最多是石斑鱼，它们对人类毫不设防。工人们穿上解放鞋，把裤腿绑一下以防晒伤，在浅海中一直往前走。他们左手拿鱼饵，右手拿带钩的渔线，腰间挂一条穿鱼用的铁丝，给渔钩挂上鱼饵，往海里一扔，再一拉，一条鱼儿就被拉上来，然后直接穿到腰间的铁丝上。动作熟练的人，不到 1 个小时，就能把铁线挂满。有时还有乌贼出没，拿渔叉一扠就能捕捉。可怜的鱼群中没有被捕捉的信息，更没有被捕捉的经验。钓鱼成了工人们最大的乐趣，他们每天可以钓到十几斤石斑鱼，食堂还以 10 块钱一斤的价格收购部分。鲜美的石斑鱼成为人们饭桌上的美餐。

难得闲暇的李国雄突然想起，得给家里打个电话了。

他上岛以后本来想给家里打个电话报平安，一问才知道，岛上根本没有民用长途电话，只能通过军用长途转接；而打军用长途要到密林深处的通信连，距离远不说，据说还很费事。附近倒是有一家邮电局，可以发电报、寄信。信要等湛江或榆林港船来，顺便带走，因此时间不定，且周期很长。电报虽贵，却是最便捷的选择。李国雄便发电报告知家人平安到达。

军用吉普在茂盛的椰林中颠簸穿行，眼前美丽的热带风光，让李国雄暂时忘记了烦恼和焦虑。湛蓝的天空中飘着朵朵白云，空气透明清新，没有一丝尘埃，茂密的丛林飞绿吐翠，各种各样的野花娇艳绚丽、五彩斑斓，一群群不知名的鸟儿在密林中愉快地飞舞欢唱。简直就是一幅浓墨重彩的水彩画，简直就是人间天堂。司机是个北方来的志愿兵，上岛已有五六年了，对 2.13 平方公里的海岛很熟悉；他边走边向李国雄介绍，羊角树、马王藤、野枇杷，鲣鸟、军舰鸟、燕鸥，但很多植物和鸟儿他也无法叫出名字。

半路上，他们经过“收复西沙群岛纪念碑”。司机告诉他，抗日战争胜利后，南京国民政府派海军司令部海事处上尉参谋张君然 3 次下南海，4 次到达西沙群岛，并和进驻西沙群岛的舰队副指挥官姚汝钰在永兴岛上立下“收复西沙群岛纪念碑”；由于他们登岛时乘的是“永兴号”驱逐舰，永兴岛也因此得名。

“一寸河山一寸金。”在小小的纪念碑前，李国雄热血沸腾，永兴岛自古是中国的领土，岂能沦入敌手。

正沉思间，司机问他："李总，您说这淡水池问题能解决吗？"

李国雄信心满满地说："能，新的方案已报指挥部了，只要按方案施工，肯定行。"

司机却摇了摇头说："前几个工程队的老总也都这么说，还不是都失败了。要说也真奇怪，那么大的机场都建成了，2 700 米的跑道，运七、运八、反潜机、预警机、巡逻机、歼击机都能起降，难道一个小小的蓄水池比机场还难修？"

李国雄一时语塞，不知如何解释才好。

司机接着说："我们吃的淡水都要从榆林运来，如果真的打起仗来，敌军一封锁，我们连水都喝不上，说实话，能不能守住，我们心里还真没底。要是淡水池能修好，加上刚修好的机场码头，就是敌军封锁，我们靠抓鱼、采野果，也能顶上个年儿半载的。"

"国家兴亡，匹夫有责。"李国雄被这小战士的纯朴感动了。他再一次激情澎湃，战士们为保家卫国奋战沙场、流血牺牲，自己虽不能扛枪亲赴疆场，但为国家国防事业出力流汗，也是分内之事。他想，这个硬骨头一定要啃下来。

说话间，两人来到通信连。李国雄报了广州的电话号码，负责通信联络的小战士拿起手摇电话机，"呜呜呜"摇了一阵，然后对着话筒喊："喂，喂，我是 5 号，呼叫湛江基地，听到没，听到没？喂，喂，我是 5 号，呼叫湛江基地！"过了大约 5 分钟，听筒里"嗑嗑嚓嚓"的声音中传来微弱的声音："收到……请讲……收到……请讲！"于是，小战士报了广州的电话号码。这让李国雄感到十分新鲜，在电影中才看到的镜头，没想到生活中真的有原型。

等了半天不见对方回话，小战士怕李国雄着急，解释说："首长，您稍等，湛江基地要转广州基地，广州基地再转接地方电信，一级级呼叫，可能要等一会。"李国雄忙说："不急，不急！"40 分钟后，李国雄听到了家人的声音。那声音像是从千里之外吵闹的超市中传来，嘈杂声中双方拼命叫喊，依然很难听清对方在讲什么，李国雄吼了半天，最后不得不放弃。他体会到，国家花大力气加大对岛上现代化设施建设的必要性。

多年后，永兴岛已成为三沙市的首府。李国雄再次登岛游览时，当他看到水、电、通信等公共服务已覆盖各个角落，超市里基本的生活用品供应齐全，水泥街道宽阔平整，医院、图书馆、银行、邮电局等依次排开时，真是感慨万千——也许这就是进步，但进步都是要付出代价的。

有一次，李国雄和守岛的一个中校军官在工地上聊天，一个工人叉着腿，一摇一摆地从工地边走过。

“这个工人怎么这么走?”中校军官看到他奇怪的走路姿势问道。

“哎!”李国雄叹了口气说，“说来可怜，他中招了。自从上了岛，2.13平方公里的海岛就是我们的家，工人们都是年轻人，忍受着与爱人分离的苦恼。有一次，我派几个工人到三亚购置工程用品，没想到这家伙一到三亚便被红灯区俘获了，加之没有经验，便惹上了病。这不正准备找个机会让他回去治病呢!”

中校军官苦笑了一下，说：“原来如此，那我们岂不是更惨。我一个中校军官一年也要在岛上待 8 个月，战士则更长，每年只有十几天的休假时间。战士正值青春期，他们至少要服役 3 年甚至更长时间。”接着他也说了个段子：“在我们这里，交通基本靠走，通信基本靠吼，娱乐基本靠手。没办法，长年在岛上看不见一个女人，见个老母猪都成双眼皮的了。”

李国雄突然想起来，刚上岛时，公司一个刚分配的女大学生提出要跟队伍一块来，他考虑到女同志有诸多不便，没答应。

“我们公司有个女大学生想上岛工作一段时间，你看方便不?”李国雄说。

“好啊!”那个中校军官像被电击了一样突然跳了起来。

女大学生要登岛的消息迅速传开，整个海岛都沸腾了。人还没到，官兵们已给她取了一个美丽的名字——“西沙公主”。

重阳节那天，“西沙公主”和她的守护神——一位煮饭的大嫂一起来到了永兴岛。原来，李国雄为了让那位女大学生有个伴，也是为了安全起见，特意又选派一位老成持重的大嫂陪她。

“西沙公主”的到来，给官兵寂寞的生活增添了色彩，也点燃了官兵们过节的热情。战士们兴致勃勃地在海滩上卷起裤脚，拾最美的贝壳献给可爱漂亮的“西沙公主”。

云雾满山飘，
海水绕海礁。
人都说咱岛儿小，
远离大陆在前哨，
风大浪又高啊。
自从那天上了岛，

我就把你爱心上。

陡峭的悬崖，

汹涌的海浪，

高高的山峰，

宽阔的海洋。

啊，祖国，亲爱的祖国，

你可知道战士的心愿，

这儿正是我最愿意守卫的地方……

李国雄（左三）与美丽的"西沙公主"在永兴岛上

战士们把他们最喜爱的歌《战士的第二故乡》献给"西沙公主"，激情澎湃的歌声和着波涛的轰鸣在大海上久久回荡。

看着堆满房间的各种各样、艳丽多姿的贝壳，"西沙公主"的眼睛湿润了，童话般的记忆让她一辈子都不会忘记。

李国雄说，那个中校军官后来向"西沙公主"求婚了；工程结束后，"西沙公主"离开了海岛，还与中校军官鸿雁传情一阵子。有人说距离产生美，可那距离实在太远了，也就没了人间烟火，两人感情最后无疾而终，令人遗憾。

7. 城下之盟

两国交兵，哪有中途偃旗息鼓的。退缩就意味着是失败、是逃兵，这不是李国雄的个性，更有悖于鲁班公司"挑战世界建筑难题"的口号。

重阳节过后，工程指挥部传来命令：施工人员打道回府，设备材料通通运回，李国雄直接到湛江汇报情况，运输舰已等候在码头，接到命令立即起航。

此时离停工正好3个星期。

听到这个消息，李国雄心里一沉——人员和设备都要运走，难道工程就此中止，看来湛江之行凶多吉少。

但李国雄并没有严格按命令行事，他留下少数技术骨干继续完善施工方案，并将自己的日常生活用品留在岛上。

他坚信方案的可行性，坚信自己还会回来。

他不甘心就此罢休，做好了据理力争的准备。

军舰行至榆林港，李国雄和张崇瑞下船，乘车直奔湛江。两人急匆匆赶到基地工程指挥部时，古建国和基地的技术人员都齐聚在会议室。

古建国面色铁青，没有任何寒暄，直接就问："你们不是拍着胸脯说化学灌浆法万无一失吗，怎么又要改什么鸟什子'三重管高压旋喷'？这是军营，军令岂能朝令夕改？"

李国雄忙解释说："你们先前提供的资料有误，导致……"

古建国一听李国雄说提供的材料有误，勃然大怒，打断李国雄的话，拍着桌子骂道："你这混蛋、骗子，我不要过程，不听原因，我要的是结果。工程失败就要承担责任，你还乱找借口，竟敢胡说资料有误！"

看古建国如此不讲道理，年轻气盛的李国雄也火了，拍案而起，针锋相对地与古建国对骂起来："你这个军阀，官僚主义，不讲科学的榆木脑袋！工程做了这么多年，竟然对使用的错误勘察资料都不知道，我都替你感到羞愧！"

在座的军官都被这一幕惊呆了，他们从来没有见过有人敢以如此粗暴的方式对他们的上司说话。

古建国见李国雄这架势，口气倒软了下来，说："你有什么证据说我的资料有误？"

张崇瑞拉拉李国雄的衣角，示意他坐下。李国雄推开他的手，从包里拿出一沓资料甩在桌子上说："我当然有证据，这就是我们做的勘察资料、抽水实验结果……"

一番拍桌子对骂后，双方的火气慢慢平静下来，又开始回到谈判桌前。

其实在停工的3个星期，古建国也没闲着，他组织技术人员仔细研究了李国雄上报的抽水实验报告，基本肯定方案的可行性，并形成初步意见上报上级有关部门。

李国雄说："这个方案是不是可行，我一个人说了不算。张崇瑞研究员是中国煤炭科学院建井研究所的专家，你可以不相信我提供的资料和图纸，但你总该听听他的意见。"

当时李国雄35岁，古建国和张崇瑞都是50多岁。在古建国眼中，李国雄是个刚出茅庐的小伙子，加之又是同门师兄弟，所以也就没有客气；而对张崇瑞却是非常尊重，他仔细地听张崇瑞介绍了方案情况。

最后，古建国说："这个方案可以执行，但有两个条件：一是国防工程不许赚钱，你们的预算有水分，压缩30万元；二是如果再失败，施工队拉走，李国雄押在岛上，先期支付的工程款必须如数退还。"

李国雄一听急了，按这种方法，如果工程不成功，鲁班公司不仅得不到工程款，还必须连同第一次进场施工所花的费用一齐赔付。这意味着，如果施工失败，就要赔付100多万元，这对于刚成立公司不久的李国雄来说是一次生死考验。

"第一次施工失败的责任是地质资料有问题，不是鲁班公司的问题，至少不全是鲁班公司的问题，因此我不同意赔付前期施工费用。"李国雄大声辩解。

"不退钱，我毙了你！"古建国拍案而起。

刚刚缓和的气氛骤然又变得杀气腾腾、剑拔弩张。

"老子不干了！""啪"的一声，李国雄把资料甩在桌子上。

"不干也得干！"古建国吼道："方案是你提出的，你不干，让谁干？这是国家重点国防工程，不是儿戏，想来就来，想走就走。你们副省长兼西沙工程指挥部副主任，地方必须无条件支持国防重点工程，如果你不干，我通知地方政府，封杀你们，你的鲁班公司就等着关门倒闭吧！"

李国雄气得浑身发抖，正待发作，张崇瑞扯了扯他的衣角说："古主任，让我们回去再商量商量。"忙将李国雄拉了出来。

回去后，两人又细细合计了一遍，李国雄觉得真是应了那句古语：自古华山一条路。双方都没有别的选择，更没有了退路：国家重点国防工程，眼看工期将至，承办方不容许再出现任何闪失；而鲁班公司如果中途退出，就如两国交兵，哪有中途偃旗息鼓的。退缩就意味着是失败、是逃兵，这不是李国雄的个性，更有悖于鲁班公司"挑战世界建筑难题"的口号。冷静下来后，李国雄换位思考，他理解古主任的难处，既然是顶天立地的好男儿，既然是拍了胸脯的事，那就上阵冲锋吧！

李国雄相信自己的判断，施工方案是可行的，成功的把握很大，如果万一失败，100万元的赔付，他认了。

想干事，哪有不承担风险的。

李国雄用颤抖的手，签下了二次进场的合同。

8. “三重管高压旋喷”破解世界难题

李国雄对古建国的敬意油然而生。他哪里料到，当他骂古建国“军阀”的时候，古建国却为了国家利益、为了国防建设呕心沥血，承受着巨大的痛苦和牺牲。

合同签订后，李国雄迅速赶回广州，组织人员、设备、材料再次上岛，11月中旬正式开工。这一次，工程进展相当顺利。

李国雄和工友们一起参加施工

三重管高压旋喷技术大显神威，30个兆帕的压力，三重管在喷射水泥浆的同时灌入气体和水，利用气体和水切割地下泥土，切割开后灌入水泥浆，一边高压喷、一边旋转，形成一条条圆柱。一个星期后，马上对地质情况做抽样检查，效果非常好，“烟灰缸”体抗压力达到110千克/平方厘米，完全达到混凝土的硬度标准，甚至可以作为永久性的墙体使用，这个结果让大家都松了一口气。两个月后，也就是离1992年春节仅20天时间，无数个圆柱连接起来，淡水池的框架结构——也就是吴仁培教授说的“烟灰缸”就做成了。此时，离工程工期还有4个多月的时间。春节过后，海军工程兵进场对淡水池主体工程施工，两个月就能把淡水池做好，国家重点国防工程依然可以提前两个月完工，长期困扰海防孤岛军民淡水供应不足的难题，终于得以彻底解决。

西沙淡水工程让李国雄认识到，对于一个工程，方案的合理完善与否，是工程成败的关键，特别对于地下工程、岩土工程这些涉及地基基础的工程。不科学不完善不合理的方案，使工程预算成倍增长，甚至直接导致工程的失败；而成功的方案节省下来的资金可能以百万计算。这种指导思想，也成为鲁班公司克敌制胜的“秘密武器”。比如2010年，广州一个公司请某设计公司做地下工程的方案，费用为1 000多万元；后来，经过鲁班公司优化，只用一半的费用就可以完成。

没有享受到鲜花和掌声，李国雄在“烟灰缸”做好前夕，提前从岛上撤离了。他患了严重的胃溃疡、胆囊炎，饮食不规律、巨大的精神压力和超强的工作负荷，他的身体垮了，加之海岛阳光暴晒，他又黑又瘦，胡子拉碴，以至于被送回广州接受治疗，家人几乎认不出他来了。

两年后，1993 年。

英国诺丁汉，第五届国际矿山治水代表大会。

作为唯一的一个亚洲人，李国雄在会上宣读了自己的论文《旋喷技术在珊瑚礁岛建设上的应用》。

李国雄赴英国参加第五届国际矿山治水代表大会并宣读论文

永兴岛淡水池工程结束后，教书出身的李国雄把施工技术写成论文《旋喷技术在珊瑚礁岛建设上的应用》公开发表，在世界建筑领域引起了极大反响。1993 年，第五届国际矿山治水代表大会在英国诺丁汉召开，李国雄作为唯一的一个亚洲人，被邀请参加会议，并在会议上宣读了自己的论文。

此时，李国雄才知道，原来初生牛犊不怕虎，自己竟然创造了一个世界纪录，第一次使用三重管高压旋喷技术在珊瑚礁岛上进行如此大规模的地下工程建设。面对荣誉，李国雄调侃地说，这不就是足球世界杯嘛，同样是 4 年 1 次，但这次中国出线了，不仅冲出了亚洲，还走向了世界！

10 年后，2001 年。

李国雄应汕头建筑学会的邀请，赴汕头讲学。

列车的软卧车厢里空空荡荡，只有李国雄和一位精神矍铄的老者。两人聊了起来，没想到越聊越投机，竟然变成了彻夜长谈。

“我是鲁班公司的，应汕头建筑学会之邀请去讲课。”李国雄自报家门。

“我也是搞建筑的，不过身份不同，你是民用，我搞军用。”老者接着问：“鲁班公司，那你认识李国雄吧？”

李国雄很吃惊，忙说：“我就是李国雄。”

“你就是李国雄啊，你可能不认识我，我可早就认识你了，我们神交已久，并有过愉快的合作。”老者哈哈大笑，“你既是李国雄，我也没有必要避讳了，我此行到汕头公务出差，你曾经做过国防工程吧？”

李国雄更惊诧了：“我是做过国防工程，你怎么知道？”

老者慢悠悠地回答：“你的大名，我太熟悉了。10年前，你在西沙，我在北京，永兴岛地下淡水库建设工程，我负责审批，你负责施工，你破解了世界难题，为国防工程立了大功，你说是不是神交已久，是不是愉快的合作。”

李国雄恍然大悟：“原来如此。”

“你后生可畏，还跟老古拍桌子，骂他军阀、官僚，这件事在军中传了好一阵子呢。”老者说。

“工程遇到阻力，压力大，就和他吵起来了。他是我师兄，也没当外人，黑着脸，骂我混蛋，我就骂他军阀。”李国雄笑笑说，“那时年轻气盛，初生牛犊不怕虎，搁现在不会了。”

“你知道当你骂他军阀的时候，他正承担多大的痛苦吗？”老者问。

李国雄摇摇头。

老者缓缓说道：“你改变方案的时候，正赶上老古爱人去世，为了这个工程，他强忍着失去亲人的悲痛，没有休假，一边工作一边料理丧事。”

“啊？！是这样。”李国雄呆若木鸡。

“老古是军中鼎鼎有名的硬汉，更是大名鼎鼎的建筑专家，工程经验丰富，西沙重点国防工程前方指挥工作主要由他承担。当时国防经费比较紧张，为了节省开支，他科学规划，严谨施工，不仅使工程提前完工，还为国家节省了近四成的预算，那可是好几个亿啊。”老者说。

李国雄对古建国的敬意油然而生。他哪里料到，当他骂古建国“军阀”的时候，古建国却为了国家利益、为了国防建设呕心沥血，承受着巨大的痛苦和牺牲。

李国雄鼻子发酸，思潮澎湃，泪水几乎夺眶而出。

“古主任近况如何？”李国雄问。西沙工程结束后，他一直没有见过古建国。

“西沙工程是他的最后一班岗，为了站好最后一班岗，他全力以赴。工程结束，他也到了最高服役年限，退休了。现在我们遇到什么工程难题，还请他回部队会诊。”

魏巍的《谁是最可爱的人》里面的语句涌入了李国雄的脑海：“他们的品质是那样的纯洁和高尚，他们的意志是那样的坚韧和刚强，他们的气质是那样的淳朴和谦逊，他们的胸怀是那样的美丽和宽广！”

是的，回想在西沙的日子，战士们在如此单调枯燥的环境中，坚守祖国的海岛。狂风暴雨时他们坚守岗哨，烈日暴晒下他们苦练精兵，他们忍受孤独寂寞和与家人分离的痛苦，他们付出青春和热血换来了祖国的繁荣和安宁。

贰

急流勇进

——做时代潮流浪尖上的一滴水

李国雄9岁丧父，小小年纪就体会到了世态炎凉，更让他一夜之间变得成熟。他博览群书，成绩优异，但『大学梦』却被时代的浪潮击碎。他当过木匠，砸过石头，做过知青，但一次次的挫折从未将他击倒。1977年恢复高考，李国雄考上大学；1991年，又毅然投身商海，率先筹办建筑界民营高新科技企业——鲁班公司，并响亮地提出『挑战建筑业世界难题，专治建筑物奇难杂症』的口号。走前人未走过的路，做前人未做过的事，李国雄紧紧把握时代的脉搏，立志做时代浪花上的一滴水。

1. 成长的困惑

父亲去世时，李国雄9岁。一个9岁的孩子还不能理解死亡的含义，更无法预料父亲的去世会给他和这个家庭带来什么。

1956年，李国雄出生在广州一个知识分子家庭。

李国雄的父亲李泉曾于1932年创办广州亚洲电器厂，抗日战争爆发后，他卖掉工厂，参军入伍，报效国家，任国民政府中央航空研究院上校军官。母亲李张氏是李泉的二房太太，出身商业世家，知书达礼，善良温和，举止娴雅。新中国成立后，李泉作为电器专家，成为广东省的重点统战对象，任政府顾问，指导广州新设电器厂的筹备和建设，除了享有很高的政治待遇，政府甚至还允许他和两房太太保持婚姻关系。一家人住在珠江南岸一套里外三进、宽松舒适，还带一个很大后花园的老宅里，其乐融融。

李国雄出生时，李泉已年逾半百，老年得子，对李国雄自是宠爱有加。父母的宠爱娇惯使得李国雄小时候顽皮淘气，俨然是个小霸王；加之男孩子生性贪玩，他每天和伙伴们满大街疯，打弹子、摔烟角、爬树摘果子、掏鸟窝，一身土，天天弄得像个小泥人，吃饭了都不回家，经常要母亲满大街地找。他还常跑到附近的商店里买些花生、瓜子、冰棍之类的零食，钱不够花就赊账，然后由父母或哥哥姐姐给他埋单。

6岁那年，李国雄到了入学的年龄，家里人都觉得，是该送到学校让先生好好管管了。进了小学的李国雄很快表现出聪颖的一面，从一年级开始，他在班上乃至年级成绩都名列前茅。对于小国雄来说，那些简单的课程根本不足以让他投入全部的精力，课余他该怎么玩还是怎么玩。

广州的夏天酷热难熬，人们就像蒸笼里的虾饺，李国雄便常和小伙伴们成群结队地偷偷跑去珠江，泡在水里不愿回家。那时的珠江水清澈透明，能看到掉到水里的硬币在浮力的作用下缓缓地沉到水底的整个过程。李国雄的水性很好，在小伙伴当中是憋气时间最长的。看着眼前的帆影片片，看着对岸的万国建筑，大钟楼、爱群大饭店、南方大厦，各有特色，在江里隔水往上看，波光粼粼，水波把阳光晕开，给岸边的建筑镀上七彩的光。每到整点，大钟楼会准时报时，悠扬的《东方红》与江上船舶的汽笛声交响，这一切都像一幅水墨画刻在李国雄童年的印记里。

作为传统知识分子，父亲一直保持着读书的习惯。父亲的书房很大，四墙的书柜直顶到天花板，里面满满的全是书，除了电气工程方面的专业书籍，还有中外文学名著等。在李国雄的记忆中，很多都是珍本，可惜“文革”期间都被红卫兵抄走遗失了。

很小的时候，李国雄便经常随父亲来到书房。父亲坐在书桌前读书，李国雄便用书玩搭积木的游戏。渐渐地，李国雄表现出对书的强烈兴趣。他先是找有插图的书看，然后拿着书给父亲讲一些和书上文字没有一点关系的故事。上学以后，李国雄就开始挑小说看了，碰到不认识的字就去问父亲。父亲不在的时候就自己猜，一本本大部头的小说就这样被李国雄七七八八地读下来。从那时起，读书就成了李国雄最大的嗜好和习惯；至今，这种嗜好和习惯都还一直伴随着他。

“熟读唐诗三百首，不会作诗也会吟。”书读多了，成绩自然也不会差，李国雄的作文里经常会出现一些老师没说过的成语、没教过的好句子，每次都被老师画上满满的红圈圈，全班宣读，再张贴出来。

如果生活照这种轨迹发展下去，也许一切都会完全不同。然而，命运总不会一帆风顺的。1965 年，“四清运动”席卷神州，作为曾经的国民党员、国军上校军官的李泉成为审查的对象，每天没完没了地审查、批斗游行，李泉被折磨得精疲力竭；在一次上班途中，精神恍惚的他被大车撞倒，送到医院后不治身亡。

由于李泉死时他的问题并没有一个结论，因此还是保持原有的政治待遇，举行了隆重的追悼会，风光大葬。父亲去世后，李家没了主心骨，家境中落；同时，李家也幸运地逃过了即将到来的更大的政治运动——“文化大革命”。从这个角度来说，李泉的死对于自己以及李家，或是不幸中的大幸。

父亲去世时，李国雄 9 岁。一个 9 岁的孩子还不能理解死亡的含义，更无法预料父亲的去世会给他和这个家庭带来什么。在政府为李泉举行盛大追悼会的同时，李家也在自家的老宅里设了灵堂。李国雄躲在母亲身后，偷瞄着来吊唁的宾客——政府的代表、工厂的领导、李家从外地赶来的亲戚，一连 7 天，一波接一波地来送李泉最后一程，宾客们送的挽联、花篮堆满了整个院落。在李国雄的印象中，家里还从来没有这么热闹过。

一周后，李家撤掉灵堂，生活回到了正常轨道。与往日人来人往不同，整个宅子显得空荡冷清。更现实的问题是，作为电气领域的专家，李泉生前享受了很多特殊待遇；在他去世后，这些待遇自然也就取消了。李泉的两房太太，又各有 6 个小孩，还有请的工人、佣人等等，一大家子的开销捉襟见肘。他们将工人、佣人全部辞退，再变卖了一些值钱的首饰、摆设，总算暂时解决了生活问题。

李泉生前是一家之主，如今这个纽带没有了，一家人也就变成了两家人。李张氏带着6个子女搬到了后花园的几间平房里。一堵墙一隔，两家人各过各的日子。大太太分去了家中几乎所有值钱的东西，那些他们认为不值钱的东西，包括书，都一股脑地留给了李张氏和她的6个孩子。

除了已有工作的大哥大姐外，养家的重担一下子压到了母亲的身上。李张氏也是商业世家出身，外公曾是广州纺织业界有名的民族资本家，家境阔绰，从闺中小姐到嫁到李家当太太，虽不能说锦衣玉食，却也是衣食无忧。新中国成立后，李泉成了政府的高级顾问，李张氏还在李泉一手办起的广州南方电器厂（现为万宝电器）里任高级职员，工作轻闲，薪水却不低。现在李泉走了，南方电器厂依然按五级工人的工资每个月50元支付给李张氏。在当时，这已算是很高的工资了。但“半大小子，吃穷老子”，这50元工资，母亲每一分钱都要精打细算，安排好用途，也仅仅够一家人温饱。

李国雄与母亲合影

尽管生活困难，但母亲对于更困难的街坊或者工友，只要能挪得开，都要帮一把；常常是10元、20元钱借给别人，实在还不上，也就算了。母亲这种乐善好施的品德，在李国雄幼小的心灵中留下了深刻的印象。对李国雄来说，对父亲的印象如一场温馨的梦，而母亲的影响则实实在在。母亲的善良、坚韧、乐观，对李国雄个性的形成起了潜移默化的作用。

父亲的离去，对于只有9岁的李国雄来说，意味着世界上少了一位最疼他的人，少了一位能给他读书讲故事的慈父。他依然那样的顽皮淘气，依然和同伴打闹、和母亲顶嘴，依然像个无法无天的小霸王。一个人从少不更事到长大成熟，可能需要很长的时间，长到数年依然懵懂无知；然而，在外因的刺激下，也可能很短，短到像梨花一样一夜开放长大。

有一次，他和以前一样找大房的哥哥姐姐要零钱花，刚打开抽屉把一张5分钱拿到手，就被姐姐劈头夺了过去：“这是我们家的钱，你要零花钱去找你妈要去！”李国雄被姐姐的呵斥吓呆了，他无法理解为什么以前对自己亲切和气的姐姐怎么突然变得面目狰狞？

有一件事李国雄至今仍记忆犹新，这件事使他一下子从顽皮懵懂变得成熟懂事。那天，李国雄和同学拌嘴，对方骂他是资产阶级小老婆生的小流氓，李国雄一听，怒气冲天，扑上去和他扭打起来，街坊大一点的孩子围成一圈像看斗鸡一样不停地喊着“加油、加油”为他们助威。李国雄用塑胶骨，打得对方背上伤痕累累；对方极力反抗，打得李国雄脸上挂了彩。这一架一直打了三四个小时，从中午打到傍晚，直到打得昏天地黑，两人浑身发软没有一点力气才罢手。

晚上，那个同学和他妈妈一起来到李国雄家。她脱下孩子的上衣，露出满背的瘀伤，大声责骂李国雄出手太重，把孩子打成这样。母亲脸色铁青，当即喝令李国雄跪下，含泪用棍子痛打了他一顿，边打边骂小国雄不懂事、不争气。这是李国雄第一次也是唯一一次被妈妈打。尽管李国雄也满肚子的委屈，但他没有为自己的行为辩解，而是跪着默默忍受着母亲的杖责。父亲去世了，家庭的重担都落在母亲一个人的肩头，李国雄第一次感到了母亲的无助，第一次感到因给母亲惹下的麻烦而愧疚；他觉得自己是一个男子汉，应该担负起保护母亲的重任，应该让母亲过上好日子，而不应再让母亲为他操心、为他担惊受怕。

2. 畅游书海的“故事大王”

李国雄每天遨游书海，然后把书中的故事绘声绘色地讲给小伙伴听，引来一批忠实的小听众，也为他赢得了“故事大王”的绰号。

1966年，一场席卷中国大地的“文化大革命”开始了，在一波接一波的“运动”面前，时代大潮裹挟着每一个人自主或不自主地向前，谁也不能置身度外。

“雄仔，今天怎么没去上学？”一天，妈妈回到家，发现李国雄正趴在床上看书。她所在的南方电器厂里“运动”不断，正常的上班秩序也被打乱了，下午在厂里跟着大伙一起开开会、喊喊口号，就提前回家了。

“阿妈回来了，”李国雄扔下手中的《三国演义》，跃下床来，“老师集中学习，让我们放假自学。”停了一下，李国雄补充说：“就是去上学，不是到郊区劳动，就是在市区游行。”

李国雄晒黑了不少，之前母亲以为他贪玩，晒的；现在才知道，原来不仅她所在的工厂，学校的秩序也受到了影响。

“不管别人怎么样，你可不要去参加什么游行批斗，把自己的书读好了，将来才能像你父亲一样有出息。”母亲叹了一口气，叮嘱儿子。

窗外传来高音喇叭刺耳的声音：“坚决支持无产阶级‘文化大革命’，坚决打倒隐藏在革命队伍里的反动派！”几辆挂满了红红绿绿标语的大卡车从门前缓缓驶过，车上车下挤满了身着绿军装、戴着红袖章的红卫兵，他们挥舞着“红宝书”，亢奋地喊着口号，脸上写满了狂热。

学校里分成了几派，整天搞批斗游行；校园贴满了大字报，都标榜自己是真正的革命派，而对方不过是打着革命旗号的反动派。不久，在“停课闹革命”的口号下，李国雄所在的学校停课了，大家只好“放羊”回家。在这段“自由”的时间里，李国雄白天当孩子王，领着一帮同学满大街疯玩；晚上在家看书，父亲留下的一书柜书，成了他最大的幸福源泉。与浮躁的社会相比，他的生活反而是单纯而充实。

《三国演义》《红楼梦》《西游记》《东周列国志》《隋唐演义》《牛虻》《安娜·卡列尼娜》《静静的顿河》《双城记》，李国雄每天遨游在书的海洋中，精彩故事感染着他幼小的心灵，他为书中的人物欢喜或流泪。李国雄每天遨游书海，然后把书中的故事绘声绘色地讲给小伙伴听，引来一批忠实的小听众，也为他赢得了“故事大王”的绰号。

“雄仔，电筒怎么就没电了？”母亲握着手电筒推门进屋，“昨晚是不是又看了一整夜书？”

“是啊，”李国雄看被母亲发现了，只好挠挠头承认，“我想看看琼玛到底走了没有？”

琼玛是爱尔兰小说家伏尼契的长篇小说《牛虻》的女主人公，最近一段时间李国雄迷上了这本革命小说，每天晚上都拿着手电筒躲在被窝里偷看。

“阿妈不是不让你读书，只是太晚了对身体不好，”母亲理了理李国雄褶皱的衣服，“听话，以后不能这么晚了。”

“嗯，好的，阿妈。”李国雄满口答应，只是心里头暗自想，“不行啊，明天小伙伴们还等着我继续给他们讲《牛虻》的故事呢。”

夜渐渐深了，喧嚣了一整天的广州城终于再次沉静了下来。

“睡了，雄仔。”母亲特地叫李国雄睡觉。

“哦，就睡了，阿妈。”李国雄低着头，看得津津有味，头也不抬地回答。

“怎么还没睡?”10 多分钟后，李张氏看到李国雄的房间还亮着灯，又催促道。

“好啦，就睡了。”不得已，李国雄灭了灯，关上门，闷闷不乐地躺到了床上。

躺在床上的李国雄翻来覆去，没有一丝睡意，他满脑子都是琼玛能不能认出亚瑟，心里仿佛有一只小耗子，一直挠，一直挠。他索性不再强迫自己睡着，看看母亲的房间，灯熄了，便支起耳朵，确信母亲睡着了。于是，李国雄轻轻下床，抱起被子，赤着脚走到门口，用被子把门缝塞住，又悄悄走过桌边点了煤油灯，这才放心地继续“畅游”在 17 世纪的意大利。第二天，李国雄又有新的故事讲给伙伴们听了。

1971 年 9 月的一天，北方有冷空气南下，广州连日来酷热的天气终于开始隐隐有了阵阵凉意。

“阿妈!”南方电器厂传达室，母亲突然听到李国雄的声音，转头找了一圈没有找到。“文革”以来，尽管李家没有受什么冲击，但常年的辛勤操持让李张氏没有了当年阔太太的模样，她看上去已和普通工人没什么区别。

“阿妈，我在这!”看到自己的恶作剧得逞，李国雄笑着从窗台前站了起来。

时间一晃而过，李国雄已经长成了 15 岁的少年。他今天准备去同学家换书看，穿着一身白衬衣，胸前戴着擦得锃亮的毛主席像章，斜挎着绿色的书包，显得清秀挺拔，文质彬彬。

路过南方电器厂，李国雄便想来看看母亲。托父亲的余荫，电器厂的领导没有安排母

李国雄（右三）与中学同学合影

亲到工作繁重的车间工作，而是安排在工厂大门守传达室，尽管工资比以前少了些，但李国雄的哥哥姐姐们都陆续参加了工作，压在母亲肩头的负担比之前要轻很多。只是，守传达室需要人盯在那，随时接接电话、收收信件，离不开人，母亲陪儿子的时间比以前少了。李国雄也懂事，出门的时候一有机会就会兜到母亲的单位，和母亲见见面、聊聊天。

“文革”中，广州社会局势一直动荡不安，一些机关、单位、学校大鸣大放、大辩论，发展成派别之间的武斗，不少人在混乱中受伤甚至死亡。母亲虽然只是一个普通工人，但毕竟大家出身，抗日战争期间，为了投奔在成都的李泉，只身从广州辗转四川万里寻夫，新中国成立后又经历了大起大落，算是经历过各种磨难、见过大世面的人，在朴素的认识中，她觉得目前的运动和她理解的革命相差很远，一定持续不了太长时间。因此，母亲千叮咛万嘱咐李国雄不要卷入派系之间的争斗。尽管李国雄是孩子王，在伙伴里面很有威信，是各派的头头争取的对象，但他谨遵母亲的教诲，也乐得逍遥自在。他就像一棵山间的小草，倔强地、独立地生长着，按自己的生活轨迹，读书、学习，他被同伴们称为“小秀才”。只是，在当时的社会环境里，学校正常的教学秩序被破坏，大学也停止了招生，李国雄和所有的同龄人一样，不知道自己的出路在哪里。

3. 挣扎在城市的边缘

在建筑工地当小工的李国雄，苦活、累活、没人干的活都要干，最累的是每天抡起大锤，把斗大的石头砸成碎石。

1973年初，邓小平复出，大刀阔斧地对各行各业进行“全面整顿”，生产生活秩序渐趋正常，沉闷的社会终于被撬开一丝缝隙，透进几丝理性的光芒。国家开始重提“重视科教”，学校陆续恢复教学。李国雄所在的广州市第79中学高中部搬到了当年由省委书记陶铸主持新建而未能投入使用的省委党校新校址。学校建在城郊，各种设施完善，校园内还有大片的乌榄树。学生全部住校，封闭的教学模式，优美的学习环境，正是读书的好机会；更重要的是，李国雄在这里遇到了两个真正的好老师——班主任、数学老师叶兆波和语文老师杨星萤。

“这次的考试成绩第一名，李国雄！”数学老师叶兆波在台上骄傲地宣布。

在叶老师眼中，李国雄就是他的得意门生。

安静的课堂上炸开了锅：“要是恢复高考，假如学校里只有一个人能考上大学，那这个人肯定是阿雄。”

叶老师是李国雄的班主任，虽然教的是数学，但他文理兼修，对中国传统文化也颇有研究。课余时间，他给大家讲《史记》《汉书》《三国演义》《水浒传》，叶老师口才很好，故事讲得绘声绘色，对于学业荒废几年的学生来说，精彩的故事一下就抓住了大家的心。更重要的是，叶老师善于用生动的历史故事给大家以启发，引导学生们从小树雄心、立大志。至今，李国雄仍能清楚地记得叶老师在课堂上给同学们讲了《三国演义》中“周郎妙计平天下，赔了夫人又折兵”的故事，鼓励大家要树立远大的理想、不能小富即安，才能成就一番事业。《三国演义》李国雄早已烂熟于心，但他从来没有像叶老师从励志的角度来理解。叶老师的话让李国雄暗下决心，树立远大理想，“天将降大任于斯人也，必先苦其心志，劳其筋骨，饿其体肤，空乏其身，行拂乱其所为，所以动心忍性，增益其所不能”，李国雄决心以吃苦耐劳的精神，去实现人生的理想。

李国雄的语文成绩也是班上第一，他还是班上的语文课代表。语文老师叫杨星萤，原本是广东师范学院古汉语的教授。“文革”期间，广东师范学院解散，杨老师分流到七十九中当语文老师。虽然教的是高中，杨老师还是拿出了在大学里做学问的劲头，“文革”期间的语文课本很简单，或者干脆是一本教材都没有，一学期的课杨老师很快就上完了，剩下的时间她就自己刻钢板、油印学习资料发给学生，丰富大家的知识，开阔学生的视野。作为语文课代表，李国雄帮杨老师做这些工作。“熟读唐诗三百首，不会作诗也会吟”，李国雄从小读的杂书，此时厚积薄发，发挥了作用。他多次参加学校举行的作文比赛，均获得了好成绩，有几次还是第一名，杨老师经常在课堂上把李国雄的作文当作范文。杨老师喜欢李国雄的好学上进，经常给他额外开小灶。在杨老师的鼓励与教导下，李国雄学习劲头更足了，成绩也越来越好。

1973 年，高考恢复了，这是“文革”十年中唯一的一次高考。这唤醒了沉睡在很多学子心中的大学梦，这种梦想自然在李国雄的心中也萌动着。这年，辽宁知青张铁生被推荐参加大学考试。据记载，在最后一场理化考试中，张铁生只会做 3 道小题，其余一片空白，他却因为在试卷背面写了一封“给尊敬的领导的一封信”（在信中，张铁生诉说他因不忍心放弃集体生产躲到小屋里去复习功课，从而导致文化考试成绩不理想）而得到重视，最终被铁岭农学院畜牧兽医系录取。张铁生因此被冠以“白卷英雄”一称。“白卷英雄”张铁生的出现也影响了当年大学招生的路线，导致考分越高越没有学校敢要，被录取者多是成绩平平甚或中下。

正当李国雄铆着劲拼命地读书、期望在高考考场一展雄风、考上心仪的大学、改变命运的时候，第二年，恢复了一年的高考又被取消了。这个消息对李国雄来说无疑是晴天霹雳，两年的苦读一下子没了用处。尽管李国雄成绩名列前茅，17 岁的他却不得不面对这样的残酷选择：作为知识青年，参加上山下乡运动，到农村广阔天地去接受再教育，还是留在城市，没有工作、没有书读，当没有户口的城市游民？

1974 年 5 月，广州。

怒放的木棉花已经凋谢了。李国雄拖着疲惫的身体回到了工地的宿舍，胡乱洗了把脸，就躺到了床上，不愿动弹。施工现场十分简陋，三十几号人挤住在竹席搭建的工棚里。旁边就是垃圾堆，空气中弥漫着混合了汗腥味儿和腐烂垃圾的难闻味道。密密麻麻的绿头苍蝇嗡嗡起舞，连晾衣裳的绳子上也被它们占据了。

缓过一口气，李国雄从枕头下面摸出一本被翻烂了的《老人与海》，趴在床上，就着昏黄的灯光，看起了“可以把他消灭，但就是打不败他”的故事。工友们进进出出，没人理会这个年龄比他们小太多、爱好读书的少年。

李国雄跟着建筑工地已经做了大半年的小工了。高中毕业后，李国雄没有按照有关部门的统一安排，去农村插队，而是倔强地留在了城市，等待读书的机会。

青年时期的李国雄

“文化大革命”开始之后，国家经济遭到了极大的破坏，很多工厂处于停顿状态，城市已经无法解决连续积压的毕业生的就业问题，“红卫兵”已经成了社会的破坏力量。在这种背景下，国家开始了规模巨大的“上山下乡”运动，动员、组织城市的初高中毕业生作为“知识青年”，去农村接受贫下中农再教育。

按当时的政策，每个城市青年都必须参加“上山下乡”运动，离开城市，在农村定居和劳动，接受农村生活的锻炼。1971 年之后，政策有所松动，默许个别青年留在城市照顾家庭，但李国雄的哥哥姐姐已经在城市找到工作，他和尚未工作的三姐都是属于必须下乡插队之列。

年轻的李国雄全部心思都在考大学上，他不能接受这样的现实，不能说服自己和其他同学一样，就这样放下书本，到农村去拿起锄头开荒、种田。在和家人商量了整整一夜之后，他做出了艰难的决定——留在城市。

在计划经济时代，个人是和单位紧紧捆绑在一起的。李国雄和三姐不按统一安排下乡插队，意味着从此被单位、被体制抛弃，没有学校可读，也没有正经的工作可做。长期在家闲坐着也不是办法，为了生活，李国雄买了全套工具，学了木工，做了一些柜子、椅子拿出去卖，只是经济来源也一直不稳定。后来，大姐把李国雄和三姐介绍到市里面的建筑工地上当小工。在建筑工地当小工的李国雄，苦活、累活、没人干的活都要干，最累的是每天抡起大锤，把斗大的石头砸成碎石。每砸一方石头，可以赚两三元钱。李国雄仗着年轻，一天要干十几个小时，每每下工回到宿舍都累得半死。李国雄可能想象不到，做木工和打石头，这是他初次与建筑行业结缘，这种缘分将伴随他的一生。

一个月之后，李国雄拿到了人生的第一笔工资——45 元钱，每一分钱都是他卖力气换来的。他兴奋地把钱攥在手心跑回家，他要把这笔钱送给母亲。当时，由于长期的劳累和营养跟不上，母亲满口牙齿掉了不少，也舍不得去配假牙，吃东西都只能吃软糯的。李国雄看在眼里，痛在心里，他早就做好了打算，赚到钱第一件事就是让妈妈配上假牙。

工作再累，李国雄都没有丢掉读书的习惯。每天下了工回到宿舍，他总会捧着一本书，独自一个人关在房间里做读书笔记；节假日和工休时，则去杨星萤老师那，找她继续学习文化课。只有这个时候，李国雄才能暂时从繁重的体力劳动中摆脱出来，找到一点精神上的慰藉。在李国雄心里，大学梦从来都没有停止过。

梦做久了总有醒来的时候。怀着上大学的憧憬，李国雄持续了一年多这种在社会底层浪荡的生活。三姐首先受不了这种高强度的体力劳动，离开了工地，按有关部门的安排，到深圳光明农场务农。1974 年底，李国雄依然没有等到上学的机会，甚至看不到一丝可能的希望。他也不得不放弃了等待，服从安排到农村报到。

4. 知青岁月，动心忍性

村里 11 000 伏的高压电线坏了， 李国雄翻出电工手册， 拿着工具爬上电杆， 半个多小时居然修好了。

1974 年 12 月的一天，在母亲依依不舍的目光中，怀着对未知生活的焦虑，李国雄登上了下乡的汽车。这是他第一次远离家庭，远离母亲。经过两天的颠簸，汽车把他送到了此行的目的地——广东三水县金本公社竹山大队上厘生产队。

还没进村，远远就传来敲锣打鼓的声音。李国雄掀开车厢的油布，提起装满书的箱子，跳下车来。他发现老乡们早已等在那，敲锣打鼓地欢迎这些远道而来的年轻人，还热情地端上了糖水。更让李国雄惊讶的是，等到介绍完自己的名字的时候，老乡们纷纷议论："这就是那个秀才""什么手艺都懂""能干人"村支书更是直接过来拉着李国雄的手，高兴得不愿意松开，好像是见到了老熟人一样。

作为南方电器厂的子弟，李国雄被安排到了工厂定点挂钩的插队地三水县。当年的三水还没有诞生"东方神水"健力宝，成为中国著名的饮料生产基地，还是一个经济落后的小地方，除了种地赚工分以外，当地农民没有其他收入来源。而金本公社竹山大队上厘生产队，又是三水县最穷的生产队，虽然扫盲工作已经开展了很多年，但识字的村民还是屈指可数，连各大队记工分的人都很难找到。听说要下来一批知识青年，村支书早早跑到公社里打招呼，要求把他们中最有知识的人分过去，提高队上的文化水平。

在李国雄的档案中，学校的成绩全优，再加上南方电器厂来联系工作的同志特别介绍李国雄的父亲李泉是知名老专家，并对工厂的发展和建设做了很大的贡献；公社当即拍板，决定把李国雄分到最需要他的地方——上厘生产队。

队上早早就收到了消息，因此李国雄还没来报到就已经成了当地的小名人。当他搬好宿舍以后，还陆陆续续有老乡借着各种各样的理由，特地跑来看看这个"小秀才"。

经过一年多的城市社会底层生活之后，李国雄在农村这片广阔天地迎来了全新的生活。他从小就有"故事大王"的美誉，口才好，再加上扎实的文化基础，记工分、写总结、帮村里面的人写信，全村凡是和文化有关的事他全包了下来。他还带来了电笔和万能表，各种电器、电线出了问题，他都要试着修一修。记得有一次，村里11 000伏的高压电线坏了，李国雄翻出电工手册，拿着工具爬上电杆，半个多小时居然修好了。那可是11 000千伏的高压线呵，现在想想他都觉得后怕。这件事为李国雄带来了极大的荣誉——当县里专业维修队赶来，村支书骄傲地告诉他们，一个叫李国雄的知青已把高压线修好了时，李国雄的名字很快在全县传开了。

20世纪70年代的三水县，文化生活十分贫瘠，老乡们基本上是日出而作、日落而息，生活节率随自然而动，耕作、吃饭、睡觉是他们生活的主要内容，最大的娱乐，就是县上每年组织的一两次送电影下乡活动。知青们正值青春年少，精力旺盛，为了活跃业余生活，大伙推荐李国雄当宣传队长，组织大家在工余排演一些小节目。李国雄也不推辞，对着小说上的故事，现编现排节目，不久就在大队部演出。大家吹拉弹唱，好不热闹。他们还带着节目到各村巡演，很受老乡们欢迎，乡亲们总会携家带口地去捧场。这些活动，极大地锻炼了李国雄的组织领导能力和感召力。

渐渐地，李国雄的宿舍成了大家聚集的场所。夜深人静，在昏黄的煤油灯下，大伙围拢坐在李国雄的周围，听他讲故事。讲三国、讲水浒、讲西游、讲宙斯、讲堂·吉诃德、讲高老头，李国雄博览群书，他所有看到的故事中的情节、人物，从他口中讲出来，变得跌宕起伏、扣人心弦，小时候的“故事大王”如今成了评书专家。

李国雄（后排右三）与三水县竹山大队知青合影

李国雄讲得最熟最多最精彩的还是《牛虻》。童年时，他在珠江边上，给小伙伴讲牛虻的战斗经历，绯红的晚霞洒满了半边天；知青岁月，在自己的斗室中，他给同伴讲琼玛的爱情，昏黄的煤油灯照亮了寂寞的夜晚；当了老总后，他在论坛会上讲经营之道，依然不忘以《牛虻》为例，他与众不同的演说赢来热烈的掌声；作为大学的兼职教授，他在课堂上讲人生哲学，《牛虻》依旧是一个话题，他的课堂为同学们提供了一个极具个性的《牛虻》样本。

几十年过去了，至今李国雄仍能滔滔不绝地讲述《牛虻》的故事。他能从故事的任何一个情节入手，然后完整地把故事讲出来。讲的遍数多了，李国雄甚至在故事中融入了自己的人生理念，融入了自己对生活的态度。

在当知青期间，李国雄认识了农业技术员陈汉波。陈汉波是华南农业大学的毕业生，学的是农业遗传学，毕业后分到金本公社当农业技术员；李国雄是上厘生产队的农业技术员。陈汉波生性乐观，思维敏捷且与众不同，从不说套话，还能够专心倾听别人的意见。工作上的联系，加上兴趣相投，两人很快便成了无话不谈的知心朋友。他们经常用脚丈量金本公社的土地，虽然身无分文，却有着无边无际的想象力；他们讲《80 天环游地球》的故事，坚信着有一天一定能离开农村，走遍世界。

陈汉波作为金本公社唯一的大学生，很快被公社党委吸收，成为公社党委委员，主抓团委和知青工作，成了李国雄的直接领导。真正的金子到哪都能发光，在陈汉波的指导和帮助下，李国雄放开手脚，充分发挥自己的知识和能力，在农村大显身手，受到了乡亲们的一致认同；由于表现突出，他很快就被任命为竹山大队的团支部书记、大队的农业技术员，还当上了公社的团委副书记，并被树为三水县的知青典型。

李国雄在农村过上了全新的生活，他第一次感到农村这片天地里，真的能大有作为。

1976 年 9 月的一个晚上，毛主席逝世的消息传到闭塞山村。那天，夜色低沉，李国雄整晚辗转反侧，难以入眠，他满脑子里盘旋着两个问题：中国将往何处去？自己的人生道路将走向何方？这两个问题某种程度上其实是一个问题。李国雄模模糊糊地有种山雨欲来风满楼的感觉，也许新的变革马上就要来了，这种变革会给他带来怎样的机遇呢？他又该如何把握这种机遇呢？

1976 年在中国历史上是极不平凡的一年。1 月 8 日，周恩来总理逝世；3 月 8 日，东北突降陨石雨；7 月 6 日，朱德委员长逝世，28 日唐山大地震，死伤无数；9 月 9 日，毛泽东主席逝世；10 月，“四人帮”垮台，“文化大革命”在实际上结束。这一年，中国的命运在历史的分岔口上选择了正确的方向；这一年，中国无数人的命运就此改变；这一年，李国雄也迎来了自己人生中最重大的转折……这一年，注定会被无数人铭记。

十几天后，李国雄正在队部忙乎工作，一个特地赶过来报信的老乡告诉他：母亲来看他了，正在宿舍等他。

下乡两年多，李国雄每年只在中秋和春节回家，母亲从没来探望过，母子之间聚少离多，思念之情越来越浓。听到母亲到来的消息，李国雄兴奋之情溢于言表，丢了手中的活，向宿舍奔去。

等他气喘吁吁地跑回宿舍，母亲正在替他收拾屋子。李国雄和知青朋友一起挑水、打鱼，找老乡摘来了新鲜的青菜，亲自下厨做了一餐“丰盛”的饭菜，为母亲接风洗尘。

母亲专程来三水，是告诉他可以回城的事。原来，母亲已经到了内退的年纪，按照当时的政策，如果她选择退休，她的一个子女就可回城接班，并承诺，鉴于李国雄是三水县的优秀知青典型，单位会优先考虑提干。不仅在当时，就是现在，工人和干部这两种身份代表着不同的工资、福利、待遇，这种承诺是单位能提供的最大的优待了。

听到能接班回城的好消息，李国雄兴奋地扔下碗跳了起来。但冷静下来后，他又问母亲，接班是否意味着只有一个回城名额？得到母亲确定的答复后，李国雄狂喜的心情一下暗淡了。

“我回城接班，三姐怎么办？”李国雄犹豫了，他和三姐都是下乡知青，自己用了这个回城的指标，就意味着三姐可能就因此永远都不可能离开农村，如果这样他宁愿留在农村，让三姐回城。毕竟自己是一个顶天立地的男子汉。

“要不这样，”李国雄对母亲说出了自己的想法，“你先不退休，我觉得变革就在眼前，高考也许很快就会恢复，若是这样，我和三姐一起参加高考，两人只要有一个能考上大学，另一个也能利用母亲那个珍贵的名额回城。”出于直觉，李国雄觉得中国政局将会发生重大变化。也许，一直藏在心底的大学梦很快就会有实现的机会。

看着长大懂事的孩子，母亲幸福地点了点头。李国雄写信把他和母亲的商议告诉了在深圳光明农场的三姐，并和三姐约定，提早做好准备，有计划地开始文化课的复习。后来的事实证明了李国雄的敏锐和远见。

5. 高考：过了重点，上了中专

秋收季节，李国雄白天下地劳动、晚上复习功课，再苦再累，他都熬过来了。人生难得几回搏，这次机会他无论如何不能错过。

一个月后，“四人帮”垮台的消息传来，接连不断的重大事件不断冲击着他的心灵。1977 年，邓小平同志第三次复出，主持召开党的十届三中全会；8 月，根据邓小平的指示，教育部在北京召开全国高等教育工作会议，会议形成了《关于 1977 年高等学校招生工作的意见》，在高校招生工作中恢复了文化课的考试。从这年起，高校招生恢复全国统一考试，由教育部组织命题，各省、自治区、直辖市组织考试、评卷和在当地招生院校的录取工作。等到公社传达中央的通知时，已经是 10 月了，12 月便要考试，与其他临时找课本复习的知青相比，早已着手准备的李国雄底气十足。

"文化大革命"结束后，社会上的思想还未能统一，中央的政策在有些地方得不到完整的贯彻和执行。1977 年秋收农忙的时候，县里发了一个通知，参加高考仍需大队公社批准，凡耽误劳动者一律不批，特别针对准备高考的知青，更是强调不能脱产复习。作为全县知青典型，村支书专门找李国雄谈话，说公社要从知青中提拔一名干部，如果他同意，马上发展他入党，再调到公社，这可是莫大的机遇。但李国雄摇摇头说："我要上大学。"村支书说："要是考不上呢？"李国雄说："那我就在农村种一辈子地。"村支书晃晃脑袋说："你呀你呀，有你后悔的那一天。"

秋收季节，李国雄白天下地劳动，晚上复习功课，再苦再累，他都熬过来了，人生难得几回搏，这次机会他无论如何不能错过。在紧张的考试过后，李国雄取得一个理想的成绩——296 分，全公社第一名，超过重点线 30 多分。在填志愿的时候，他报了中山大学数学系和华南理工大学电力系，一个是出于个人爱好，另一个算是继承父亲的事业，为了给大学梦上个双保险，他还特地填报了同意调剂志愿。万事俱备，只欠东风。拿到一张大学通知书，李国雄志在必得，他憧憬了许久的大学正向他缓缓打开大门。

龙门陡开，江鲫飞跃。1978 年，上百万青年如过江之鲫般地涌向刚刚打开大门的大学。华南理工大学的无线电专业便招进了几十个年龄相差超过 20 岁以上的学生，其中 3 位是李东生、陈伟荣、黄宏生。10 多年后，他们三人分别创办了 TCL、康佳和创维，极盛之时这 3 家公司的彩电产量之和占全国总产量的 40%。

当他们满怀着希望和梦想，走进幽静的大学校门的时候，在离广州数十公里外的三水县金本公社竹山大队上厘生产队，有一个和他们年纪相仿、分数相仿，甚至连填报的志愿都相仿的年轻人，正焦急地等待着一纸大学的录取通知书。

296 分的成绩，中山大学和华南理工大学都是可以录取的，可谁也没想到的是，几个月过去了——期间，公社第二名收到同济医科大学的录取通知书，高高兴兴地收拾行李去上海上学去了；在深圳光明农场、刚过中专线的三姐也收到了广东省材料学校的录取通知书——李国雄依然没有收到任何学校的录取通知书。李国雄的情绪从兴奋慢慢变得焦虑，再到后来的疑惑。那一段时间，他几乎天天都往公社的邮局跑，生怕邮递员把他的邮件漏掉。

没有，重点大学没有、一般本科没有，甚至连专科学校的通知书都没有，这种从最高点狠狠落下的打击，让李国雄深深陷入了绝望之中。这么高的分数，没有学校录取，至少得有个说法吧？明知道父亲的那些老朋友没人能帮上忙，李国雄还是请假回了一趟广州，想托人想想办法，哪怕打探一下也行呵，只是依然没有任何消息。

1978 年 3 月，很多大学都已经开学，绝望的李国雄突然从公社收到了一份来自广州的邮件。拆开信封，李国雄惊呆了，里面居然是一份来自广东省建筑工程学校的录取通知书。

他找人打听了才知道，这是一所建筑类的中专学校，李国雄完全无法想象到底发生了什么——为什么自己重点大学的成绩，只被中专学校录取；为什么一所从没听过、从没报过的学校会录取他；难道老天有眼，知道他做过木工，打过石头？可他在建筑工地上都已经待怕了，怎么再回头去读这样的专业呢？

那天晚上，李国雄把自己一人锁在宿舍，疯狂地吹着口琴，他眯起眼，咧开嘴，如痴如醉。去还是不去，他不知该如何处置这份迟到的录取通知书。

第二天，李国雄找到了陈汉波，他想听听这位良师益友的意见。看过录取通知书，陈汉波要李国雄马上收拾东西回城报到，并说：“有书读终归是好事，上学的机会是受外界条件限制的，但学习的权利掌握在自己手中，是任何人剥夺不了的，让学习成为一种习惯，比任何名牌大学的通知书都重要，相信你会成就一番事业。”这番话李国雄一直铭记在心。

6. 大学苦读，躲进小楼成一统

为了充实教师队伍，学校决定选拔一批优秀人才，重点培养，留校任教。成绩突出的李国雄率先走进了郭校长的视野。

1978 年 4 月 8 日，李国雄办完了回城手续后，赶到了位于广州北郊三元里的广东省建筑工程学校报到。交费、注册、分班，与班主任见面、任命班干部，新生报到程序一如惯常。让李国雄有些意外的是，他竟然被任命为班团支部书记，也许和自己在农村有过相关工作经验有关，李国雄想。

班会结束后，班主任胡自强老师把李国雄叫到了办公室，劈头就问："你是怎么搞的，过了重点线，怎么会到这里来呢？"

这个问题李国雄自然无法回答，因为他自己也糊里糊涂。胡老师告诉李国雄，他是全校入学成绩最高的。胡老师说，建工学校一个在读的工农兵学员（当时工农兵学员可以参加高考，重新报考大学）的成绩是260分，被浙江大学录取；李国雄296分的成绩，却被建工学校录取，真是匪夷所思。

这个疑问最后还是被胡老师解开了。他找到了学校负责招生的老师，详细了解了录取李国雄的情况。原来那是第一次恢复高考，很多规则都还没有制定，分数线划得较粗，招生程序、档案管理相当混乱，10年间压下来的学生都想读大学，很多人找关系、递条子，一些招生老师揣着一兜条子进去，先按条子上的名单把档案找出来，进了录取线就提走；考生只要第一志愿没被录取，档案就翻乱了，后面的人想找也找不到。

等到本科学校招完后，专科学校接着进场招生。广东省建筑工程学校的招生老师在一堆零乱的档案中，偶然翻到了李国雄的档案，发现他的高考成绩非常高，虽然没有报考他们学校，出于爱才的想法，还是把他招了进来。李国雄还真得感谢这位负责招生的老师了，要不然，恐怕他连个中专也上不成了。

李国雄就这样被命运女神高高拎起，又轻轻放下；高考，改变了他的人生轨迹，他甚至不能权衡，对自己而言这是一件好事还是一件坏事。后来回忆起那段纠结的时光时，李国雄慷慨地说："在时代的大潮面前，人有时显得渺小和无助，只能顺应时代潮流，才能有所作为。"

古语云："塞翁失马，焉知非福。"不管怎么样，李国雄终于圆了自己的读书梦和回城梦。他还惊喜地发现，自己所读的专业叫工业与民用建筑，是学校的传统优势专业；所学内容也和他当年在建筑工地上打散工时做的那些简单的泥水、土木不可同日而语，而是居于建筑业顶端的建筑结构设计，学生毕业之后是要设计高楼大厦。他松了一口气，放下包袱，全心投入了新的学习生活中。

李国雄庆幸自己再一次把握住了时代的脉搏，"文化大革命"结束后，被压抑的学习热情一下子都爆发了出来。全社会都在学习，紧跟着社会上又掀起了考研潮、留学潮，大家你追我赶地找回丢失的10年。回过头来看，我们会发现1977届、1978届的大学生在社会大潮的推动下，涌现了那么多的专家型人才，李国雄也是潮流中的一员。而改革开放30多年，中国大地也掀起了前所未有的建设热潮，楼群拔地而起，城市扩张惊人，有人甚至形容整个中国都是一个大工地。这为学建筑的李国雄提供了充分施展才能的天地。

“文革”刚刚结束，建工学校百废待兴，师资力量极度匮乏，尤其是专业课教师，数来数去也不过寥寥。是金子在哪都会闪光。由于李国雄文化基础扎实，他在建工学校学习非常轻松，正所谓“宁为鸡首，不为牛后”，李国雄在学校里有鹤立鸡群之感，这不仅给李国雄带来充分的自信，也给他带来更大的平台，他很快成为学校领导关注的人物。为了充实教师队伍，学校决定选拔一批优秀人才，重点培养，留校任教。成绩突出的李国雄率先走进了郭校长的视野，成了郭校长圈定的第一颗好“苗子”。

郭日继校长是新中国成立前岭南大学土木工程系的毕业生，理论扎实，用现在的话说就是广东省建筑工程学校的学科带头人。开学不久，郭校长就亲自找李国雄谈话，鼓励他好好学习，争取留校。当时学校最缺的是建筑结构学的教师，这是工业与民用建筑专业中最核心的课程，郭校长希望李国雄毕业后留下来教这门课；同时，他还告诉李国雄，要留在学校当老师，仅有中专文凭还不够，最好能够达到本科水平。李国雄对自己读中专，一直心有不甘，一到建工学校就暗下决心要重新读大学。他的理想和郭校长的意见一拍即合。于是，李国雄便在郭校长的亲自指导安排下开始了系统的学习。

党的十一届三中全会后，全社会掀起了学习的高潮，当时最流行的口号叫作“学好数理化，走遍天下都不怕”。李国雄和身边的同学们那时都立志要当祖国新时代的高科技人才，学

李国雄（后排中）在美国洛杉矶同恩师郭日继校长（前排中）及老同学合影

习对他们来说，不仅是兴趣，更是信念。李国雄还惊喜地发现，回城读书之前所有的东西都成了他最好的知识储备，都是有用的。

走进校园的李国雄放下珍爱的杂书，重新拾起了课本，躲进小楼成一统，专心做起了学问，当起了“书虫”。从 1978 年到 1988 年的 10 年间，李国雄都是住在学校，除了周末、中秋、冬至、春节回家和母亲聚一聚，一年到头都躲在教室或宿舍读书，寒暑假期间，同事们、学生们都离校回家了，李国雄依然留在学校。学校食堂停伙了，他就在校门口买上一笼馒头，就着凉开水、冷馒头，研究那些墙与墙、砖与砖之间奇妙的力与美。以今天我们的眼光看，这种生活也许过于枯燥，甚至是呆板得不能忍受；但在李国雄看来，他在这种生活中才能得到最大的乐趣，他始终坚信着一个朴素的道理——欲穷天下业，需下死功夫。

1978 年 2 月，中央广播电视大学（简称“中央电大”）开播，这在当时引起很大轰动。“文革”结束后，欧美国家开始逐步承认中国的大学学历，第一批承认的学校中，有北京大学、清华大学，第三个就是中央广播电视大学。原因就是当时为中央电大讲课的大都是北京大学、清华大学、中国科学院等国内顶尖高校、科研院所的知名专家、教授，每个学期结束后，按高考的标准形式，严格组织考试，统一出题，统一阅卷，全部考试合格，才能拿到文凭，保证了很高的教学质量和严格的考试制度。

这种形式给了很多不能到大学聆听名师授课的年轻人学习的机会。郭校长特地找到李国雄，给了他一张中央电大的课程表和学校电教室的钥匙，要李国雄按照课程表到学校电教室跟着电视学。按照电视里的课程，李国雄学完了作为一名建筑工程师应学会的专业基础课，并以优异的成绩取得了自考大专文凭。各门功课中，李国雄的数学和力学学得格外扎实；因为郭校长常说，一栋大楼要百年不倒，核心就是数学和力学。

后来，郭校长又陆续物色了十几名品学兼优的学生，当作留校的苗子来培养。当广东省建筑工程学校 1977 届学生毕业的时候，这十几名成绩优异、专业基础扎实的学生，被学校留了下来，教授后来的师弟师妹。这个留校人数创了学校的纪录，是历年来最多的一次，而李国雄正是其中最优秀的学生之一。

7. 时代潮流浪尖上的一滴水

1991 年，李国雄创办中国建筑界第一家民营高新科技企业——鲁班公司，并响亮地提出“挑战建筑业世界难题，专治建筑物奇难杂症”的口号。

1980 年，李国雄以优异的成绩从广东省建筑工程学校毕业并顺利留校。毕业的时候，进机关做行政工作、到建筑设计院当技术员、留校边教书边继续深造当建筑专家，面对这三种选择，李国雄再三权衡，决定留校当老师；他已经深深地爱上了建筑这门结缘已久的专业，从内心渴望在这个行业做出一番成就。

李国雄第一次走上讲台为师弟师妹们教授建筑结构学，一节课下来，从学生的表情上看出，他们对自己的讲述不感兴趣。如何把这些枯燥的理论讲得生动活泼，这可难倒了曾经的“故事大王”。

李国雄（后排中）同恩师吴仁培（坐者）合影

李国雄一直有着思考的习惯，回想起吴仁培老师在第一节课上的教导，他觉得是自己的教学方法不对，看来光讲理论是不够的，要多讲实践经验，才能吸引学生的兴趣。他想，如果用实践来反证理论，这样学生听课就能像听故事一样，才能印象深刻。后来，李国雄改变了教学方式，效果不错。他认为，正像吴老师说的那样，教师必须自己去实践，有了实践经验，才能将工程实例分析和相对应的理论完美地糅合在一起。

于是，李国雄一边学，一边教，一边实践，在没有安排课时的时候他就千方百计往外跑。那时候，工程界也需要高校老师用专业的理论去解决实际问题，李国雄很快找到了自己所学知识的用武之地。他在实践中巩固、检验、领悟着学过的专业理论，反过来又用理论解决施工中遇到的新情况、新问题。慢慢地，李国雄开始在广东建筑界里有了一些名气，他用理论去指导设计、施工人员，同时也从他们那里学到了实践经验，并将之引进到教学当中。于是，他的课就变得生动有趣起来。

以后，李国雄教过力学、地基基础、基础工程、工程地质、高层建筑结构分析、钢筋混凝土结构、力学试验等课程，他的课无一例外都深受学生的欢迎。

广东省建筑工程学校青年教师合照（后排右四为李国雄）

教学相长，尽管已经开始教上了学生，但在李国雄心中，继续求学深造的热情一直未曾熄灭。李国雄始终没有忘记自己心中的那个大学梦，更是始终记得入学的时候郭日继校长告诉他的，要胜任教师这份工作，最好要达到本科水平；李国雄是个要强的人，他不仅想要达到本科水平，更要拿到研究生文凭来证明自己。

1983 年，李国雄以优异的成绩考入华南理工大学建筑系读本科。两年后，着手准备研究生考试，在吴仁培老师的鼓励下，他决定报考华南理工大学建筑系的研究生，导师就是吴老师。

那个时候，国家对研究生招生名额控制很紧。临近报名，突然调整研究生招收计划，原来吴老师招生的专业换成另外一个专业，由于考试内容不同，李国雄也不得不改报别的学校。他查了很多学校，最后发现天津大学建筑系招收相近的专业。于是，他报考了天津大学的研究生，得分 368 分，虽然入围只需 360 分，可最终他没被录取，与读研失之交臂。

1986 年，做了充足准备的李国雄想报考华南理工大学吴仁培教授的研究生。这一次，他志在必得。

然而，接下来事情的发展却完全出乎李国雄的预料。他所在的广东省建筑工程学校却托辞李国雄是学校的骨干教师，不同意其报考，这无疑当头泼给了李国雄一盆冷水。

有人的地方就是江湖，江湖上自然少不了矛盾，少不了倾轧。一年前，学校里最欣赏李国雄的郭日继校长由于和学校其他领导理念不和，产生了矛盾，被迫离开了学校；一朝天子一朝臣，学校里原来和郭校长关系密切的老师和学生都连带受到了影响。按母亲当年的叮嘱，李国雄不愿意卷到学校的人事纠纷里面，不过就是躲回书斋里做学问，不去和其他人争什么。谁想到，他不去找麻烦，麻烦却找到了他。李国雄作为郭校长的得意弟子，自然是首当其冲地受到了打击。

眼看报名即将结束，捏着华南理工大学的研究生入学考试报名表，李国雄颓然地走出了校长室，在门外他绝望地把报名表撕个粉碎。

年轻的李国雄再一次陷入了迷茫。当时他的全部人生规划就是做学问，当专家，做名教授，正当人生到了关键的节点，学校却用“不同意”三个轻飘飘的字眼封死了他的前途。

东方不亮西方亮，既然在国内读书不成，那就去国外读吧。李国雄把自己的成绩寄到国外大学，申请赴美留学，学校看了成绩同意接收他；不料签证时，签证官说他有移民倾向而拒签，学习的机会再次与他失之交臂。

1986 年，李国雄已经在广东省建筑工程学校度过了 7 年“教学相长”的生活。这一年，他刚刚过完自己 30 岁的生日；俗话说三十而立，李国雄却在这个时候陷入了人生的低谷。在李国雄看来，天地虽大，却到处是墙，出路在哪？对于一个天天和“墙”打交道的人来说，这无疑是一个极大的讽刺。

但他并没有停止努力的脚步，因为在他心中一直有个目标。急病乱投医，李国雄一心想着离开这个环境。在母亲的帮助下，他联系到了远在德国开中国餐馆的舅舅，想要舅舅帮忙去德国。

为了能顺利去德国，李国雄还用业余时间去广州市旅游中专学校认认真真地学了厨师，考了三级厨师证；再找了一家国内相熟的餐馆，开了 3 年工作经验的证明。材料寄到德国，各个环节出乎意料地顺利，1987 年上半年李国雄的赴德签证批了下来。眼见着就要远赴德国，李国雄却不舍得就这样告别热爱的建筑业。

1987 年，是一个骚动而热烈的年份。“我们都下海吧”，所有的年轻或不太年轻的人们都在用这样的词汇互相试探和鼓励。经过将近 8 年的酝酿和鼓动，“全民经商”热终于降临，当时在北方便流传着这样的顺口溜——“十亿人民九亿倒，还有一亿在寻找。”当时，广州火车站马路对面竖着巨大的广告牌，上面的毛主席语录已经换成海飞丝洗发水、真维斯牛仔裤和七喜饮料的广告。

也恰恰在这个时候，李国雄利用自己的专业，赚到了人生的第一桶金。

当时，佛山有一个项目，工程难度很大，原来的设计人员不能解决，有人想到了当初的老师李国雄，就回到广州请李国雄出山做设计。李国雄的设计方案很快通过了验收，轻轻松松赚了几万块。当时的几万元可是一笔不小的数目。拿着这笔钱，他把父亲留下来的花园推倒，修了一栋三层楼的房子，一家人搬进了新房子。

一顺百顺，口口相传，以前的学生遇到工程上的问题，都开始回来找李国雄出马。渐渐地，来找他做设计的人越来越多。春华秋实，桃李满天下，李国雄对这句话深有体会，他索性把主要精力转移到了原本的“副业”上。

真正属于李国雄的事业开始起步了。这给李国雄带来了意料之外的巨大收获。他富起来了，摩托车、BB 机。另外，当年装电话都很难的，私人家很少有电话，通过在电信局的学生，李国雄的新家里也装上了电话。

赴德国做厨师，自然不用再去了。同时，李国雄开始思考自己的人生，反思这 10 年来的生活。10 年来，自己闭门造车，成了技术专家，业务上有了很大的提高，却和社会脱了节。国家已经转入了以经济建设为中心的轨道上，要大力发展商品经济，鼓励个体企业发展，而单纯的工程技术研究如果不能与实际结合，产生社会效益，就是走进了一条没有前途的死胡同。“春江水暖鸭先知”，在国家探索并逐步完善“以公有制为主体、多种所有制经济共同发展”的基本经济制度时，李国雄敏锐地嗅到了时代大潮的风向。认识到时代需要的已经不是单纯的技术专家，而是有专业能力的企业家时，李国雄下定决心要做时代潮流浪尖上的一滴水，紧跟时代的步伐。

1991 年，李国雄创办中国建筑界第一家民营高新科技企业——鲁班公司，并响亮地提出“挑战建筑业世界难题，专治建筑物奇难杂症”的口号。之所以给公司这样的定位，是因为当了 10 余年教师的李国雄知道，一座建筑物出问题，80% 都出现在地基基础上。珠三角是冲积平原，建筑因裂、漏、沉、斜造成的危房不少，加上改革开放之初蓬勃的建设热潮，李国雄判断大规模的建设时期之后，必定有一个大规模的维修阶段。

走前人未走过的路，做前人未做过的事，事实证明李国雄的远见卓识，他把握恰当的时机并做出了正确的选择；经过数十年的努力打拼，终于将鲁班公司打造成国内特种建筑行业内的顶尖高手，成为民营科技企业的一朵奇葩。

这一次，李国雄又把握住了时代的脉搏。

叁

房屋纠偏

——开创一个全新的行业

房屋纠偏虽然不是一个新名词，但将房屋纠偏作为产业发展第一人的却是李国雄。他带领鲁班公司完成了纠偏工程的工具化、机械化、制动化，为房屋纠偏作为一个全新产业的诞生奠定了技术基础。从断柱顶升到射水法、断桩、断墙、多支点工具式顶升、顶升迫降等，纠偏技术在工程实践中逐渐改进和创新，最终完成了合格向优秀、卓越的迈进。靠技术立足，靠口碑发展，李国雄认为：经济效益不是最重要的，更重要的是通过科研攻关与技术创新，树立品牌，引领行业发展。只有这样，才能把鲁班公司打造成真正的百年老店。

一、“断柱顶升”治好“楼歪歪”

对此类倾斜楼层，传统的补救措施只是加固地基，但无法改变倾斜状态；如果直接拆除重建，则会给饭店造成巨大损失。

李国雄顺利解决了西沙永兴岛饮用淡水地下水库建设工程的难题，在建筑领域放出了一颗震惊中国乃至世界的“原子弹”，鲁班公司这个以前曾经名不见经传，以“挑战建筑业世界难题，专治建筑物奇难杂症”为口号，以整治建筑物的裂、漏、沉、斜为主攻方向的民营小公司一夜之间享誉建筑界，李国雄也成了一颗冉冉升起的建筑专家。

“酒香不怕巷子深”，1992年春节后，当李国雄带着他的建筑队从西沙永兴岛凯旋广州，各种意向性的邀请函、工程订单雪片般向鲁班公司位于广州市东山区（已并入越秀区）的办公室飞来。在众多工程订单中，李国雄选了中山市坦洲镇大兴饭店的纠偏工程。中山紧邻广州，三层楼的饭店，工程规模不会很大，战线不会拖得太长，一个突击战就能解决问题。

一切安顿停当，李国雄带着公司的一位工程师赶往中山坦洲。大兴饭店位于中山坦洲镇中心的一条主街旁，坐北朝南，楼高3层，约30米宽、20米长。由于中山市属于珠三角沉积平原，土层疏松，加之楼房地基不牢，一边地基下沉49.7厘米，楼房倾斜移位38.2厘米，倾斜率超过危房标准的5倍，整幢矮矮胖胖的小楼摇摇欲坠，几乎靠在旁边另一幢楼房的身上。更为严峻的是，大楼的地基还在逐渐下沉。

大兴饭店由于位于镇中心，宾客盈门，生意兴隆，在当地很有些名气。如今成了危楼，饭店门可罗雀，生意自然冷清下来。心急如焚的饭店老板四处请工程队，但没有人愿意接这样吃力不讨好的活。对此类倾斜楼层，传统的补救措施只是加固地基，但无法改变倾斜状态；如果直接拆除重建，则会给饭店造成巨大损失。这可怎么办？左右为难之际，有人向他推荐了鲁班公司。

抱着试试看的心态，饭店老板联系了鲁班公司。令他想不到的是，这个在国家重点国防工程建设中啃过硬骨头的大老板竟然如约前来。看到李国雄的到来，饭店老板真个是激动万分。

广东沿海地区地质条件较差，是各种建筑物疑难杂症的高发区。在此之前，李国雄曾随吴仁培老师“会诊”过一些疑难杂症，但没有真正做过房屋纠偏工程。他从书本上知道，我国较早详细记载的房屋纠偏工程案例出现在20世纪六七十年代，数量极少，可圈可点的案例更不多见。有一些建筑学家虽然曾做过房屋纠偏，但一辈子最多也就做过一两例。以往的房屋纠偏工程都不成规模、不成体系，更谈不上是一个行业。没有现成的案例和经验做参考，李国雄和公司技术人员经过认真分析，觉得“断柱顶升”加固倾斜方法可行，值得大胆一试。看到大楼还有救，饭店老板松了一口气。

为了能让饭店在春节期间正常开业，方案一定，李国雄马上带着工程队和专门从广州重型机械厂租来的铁砖进场作业。

所谓“断柱顶升”，从字面理解，就是把柱子砍断，用千斤顶把下沉的柱子顶起来，使大楼恢复垂直。

支撑大兴饭店的柱子分4排，每排3根，共有12根。李国雄指挥工程队将首层下沉一端3排共9根柱子砍断，用夹具（承台）把柱子撑住，把楼房压在柱子上的重量转移到千斤顶上，通过操作千斤顶使整个建筑物均匀定位上升，然后用铁砖顶住不断上升的柱子，使楼房渐趋垂直。经过两天时间一级一级地纠偏，倾斜处的柱子升高了52厘米，最后整个建筑物从千斤顶上“移回”柱上，稳稳坐正，同时加固地基，这座“超级危房”终于“正襟危坐”。经过简单的装修，大兴饭店春节期间照常营业，断柱顶升，扶正了“楼歪歪”。这不仅为鲁班公司赢得了声誉，也为大兴饭店做了一次不错的宣传，饭店的生意比以前还要火爆。

二、危楼高百尺，扶正人不觉

3个月的施工中，住户们上上下下、来来往往，直到施工队伍撤离，才发觉楼已经“扶正”了！

中山坦洲大兴饭店断柱顶升纠偏工程，奠定了鲁班公司纠偏工程的主要技术。之后，鲁班公司房屋纠偏业务就从未间断过，如江门别墅群纠偏、兴宁大型综合商住楼纠偏等，在这些工程的实践中，技术不断完善且日趋成熟。到1994年，完成了位于广州市越秀区的市轻工业集团公司职工宿舍大楼的纠偏工程后，鲁班公司完成了纠偏行业的工具化、机械化、制动化，房屋纠偏不仅成为鲁班公司的主要业务之一，也为房屋纠偏作为一个全新行业的诞生奠定了技术基础。

广州市轻工业集团公司职工宿舍大楼位于广州市中山七路德政中路龙腾里5号，楼高8层，建筑面积约3 300平方米。1987年春节交付使用，不久便发现地基不均匀下沉，楼房倾斜度逐年增大；至1994年，沉降29.5厘米，楼房整体向东倾斜48厘米，属于国家标准规定的危房。

广州越秀区德政中路市轻工业集团公司职工宿舍大楼的纠偏工程（楼高8层，建筑面积约3 300平方米，沉降29.5厘米，整体向东倾斜48厘米）

拆掉，由于单位宿舍有限，很多职工将“无家可归”；不拆，楼房地基逐年下沉，住户人心惶惶，万一出现险情，有可能酿成重大事故。公司领导为此事头疼不已，后经过多方打听，得知鲁班公司专治建筑物裂、漏、沉、斜的“奇难杂症”，忙派人联系，请鲁班公司前来“会诊”。

李国雄当即派工程技术人员到现场调查，很快就查出了“病因”。原来，由于该楼东侧土层较软，加之地基使用的锤击灌注桩，有些桩出现断桩现象，致使大楼向东倾斜。

锤击灌注桩，顾名思义，就是用锤子将钢管打入淤泥层，然后往空管中填充混凝土，一边填充一边拔管；由于拔的速度不均匀，有快有慢，拔得快时，填充的混凝土跟不上，泥土挤进去，就会造成桩粗细不均匀，严重的甚至出现断桩现象。20世纪80年代，锤击灌注桩普遍使用，后因为质量不稳定，渐渐被市场淘汰。

针对“病因”，鲁班公司开出了“药方”——决定首先采用嵌岩微型钢管灌注桩和微型钻孔灌注桩加固基础，把马步扎好，然后采用断柱顶升纠偏方法进行纠偏，并迅速制订了实施方案，建立了以工程指挥部为领导核心、以技术顾问组为决策智囊，由技术组、检测组、顶升组、设备组、断柱组、修复组、后勤组、保卫组构成的纠偏现场管理组织机构。

德政中路宿舍楼高8层，顶升荷载大，对顶升结构承载力要求高；而4排9列框架柱，外加8根梯间小柱，柱数多，排列不规则，同步顶升要求也十分高。按照方案，纠偏时除了8根柱子设置模拟铰支座而不截断外，其余

27 根框架柱全部设置顶升结构并且截断。在每一截断的框架柱位，两侧将各设一个油压千斤顶作预升之用。另外，8 根梯间柱也将全部截断并在柱中安装千斤顶进行顶升。

公司领导虽不懂建筑，但一看这个方案，也知道动作很大，忙说："李总，我们保证在一个星期内搬迁完毕，不影响工程的施工。"

李国雄笑道："不用全部搬迁，除一楼因施工需要腾空外，2～8 楼住户均可正常生活。"

公司领导疑惑地问："这么大的改造，楼上还能住人？"

"你放心吧，整个工程的施工都在第一层完成，并且按照你们的要求，不拆墙卸荷，不对结构造成永久性的损伤。在施工过程中，保证路通、水通、电通、煤气通，2～8 楼住户居民仍然保持正常的生活。"

"正常生活，能行吗？这可不是儿戏啊！"

"没问题！你就放心吧，我们都安排好了。"

对一座危楼施工，楼上住户还能洗衣做饭，鲁班公司难道会变戏法，会不会有危险？很多住户将信将疑，一些人思量半天，还是收妥重要的东西，随时准备撤离。

工程开工一个星期，大伙发觉还都住得安安稳稳的，于是跟往常一样，该睡觉就睡觉，该饮茶就饮茶，忘记了自己原来住在"危楼"里。

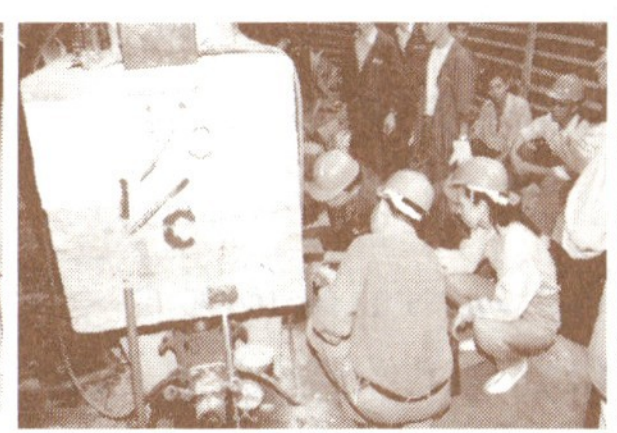

市轻工业集团公司职工宿舍大楼纠偏工程施工现场

德政中路宿舍楼纠偏是鲁班公司在纠偏工程中的里程碑。李国雄率领技术人员针对工程的实际情况，通过理论分析、反复试验，开创性地应用了托换深梁、模拟铰支座位移、多支点顶升结构、转换式断柱顶升承台、锚筋式钢筋混凝土承台加固、嵌岩微型钢管灌注桩等组成了建筑物断柱顶升纠偏的配套新技术，对大楼实施纠偏工程。这些技术后来大都申请了国家专利，完成了纠偏行业的工具化、机械化、制动化。其中"嵌岩微型钢管灌注桩"虽然申请了专利，却被大量侵权使用。李国雄感叹道："在中国，知识产权保护做得很不够，我们的专利技术‘嵌岩微型钢管灌注桩’遭到严重侵权，从未获得过任何赔偿，但这种桩的普遍应用，为建筑业做出了贡献，这也算是不幸中的万幸吧。”

3个月的施工中，住户们上上下下、来来往往，直到施工队伍撤离，才发觉楼已经“扶正”了！

纠偏不搬迁，还能保证水电通畅、居民正常生活，这是鲁班公司有史以来的第一次，在全国也是第一例。鲁班公司开创了又一个先河，促进了顶升纠偏技术的进一步发展。香港亚洲电视台对此新技术还进行了全程跟踪，专题报道。该项目获广州市科技进步二等奖、广东省科技进步三等奖。

三、矛盾论，实践论

从断柱顶升到射水法、断桩、断墙、多支点工具式顶升、顶升迫降等，纠偏技术在工程实践中逐渐改进和创新，最终完成了合格向优秀、卓越的迈进。

1998年，李国雄应邀前往韶关讲学，结识了一位核工业的工程师。他讲了一个让李国雄十分震惊的故事。

众所周知，我国第一颗原子弹使用的铀来自韶关。我国核工业刚起步时，相关技术设备很简陋，也很落后，谁也不会想到，科技人员几乎是在没有任何防护设备，甚至连手套都不戴的危险情况下，提炼出我国第一颗原子弹需要的铀。毋庸置疑，铀辐射对他们也造成了严重的损害。随着科技的发展，中国核工业已发展得十分成熟、精细，这种情况也一去不复返了。第一颗原子弹的爆炸，打破了当时的美苏核垄断，确立了我国的大国强国地位，为国家培养了一大批人才，为日后的国家建设打下坚实基础。

回忆起中山大兴饭店的纠偏过程，李国雄有同样的感触。那是鲁班公司实施的第一例纠偏工程。由于是第一次，纠偏技术很不成熟，工具也十分简陋落后。例如，被砍断的柱子用铁砖顶起来，50厘米高，一旦塌下来，后果不堪设想；转换承台也极其简单，用钢筋穿透柱子，然后转换到旁边的柱子上；在顶升的过程中，导致没有沉降一侧柱体的裂缝；等等。但它毕竟成功解决了当时的主要矛盾——扶正了“歪歪楼”，成为全国首例用断柱顶升方法完成的纠偏工程，开创了鲁班公司纠偏工程之先河；同时，也是纠偏工程作为一个行业的主要技术的肇始，为后来的工程积累了经验和教训。

鲁班公司在中山大兴饭店纠偏工程崭露头角后，纠偏业务源源不断，之后20余年间，完成了近千例纠偏工程。这些工程的主要矛盾不再是仅把“歪歪楼”扶正这么简单了，而是要根据每一项纠偏工程的不同情况，实现技术上的突破，最终完善纠偏技术，使之工具化、机械化、制动化。

从断柱顶升到射水法、断桩、断墙、多支点工具式顶升、顶升迫降等，纠偏技术在工程实践中逐渐改进和创新，最终完成了合格向优秀、卓越的迈进。

在多年的工程实践中，鲁班公司拥有了专业的纠偏业务和设计、施工队伍，成了建筑界的“纠偏专业户”，而李国雄也有了“纠偏大王”的称号。自从有了鲁班公司的房屋纠偏业务后，以房屋纠偏为业务的专业公司如雨后春笋般涌现，房屋纠偏已形成了一个行业，李国雄组织编写的各种纠偏技术规程成为业界的操作指南。

鲁班公司另一个可圈可点的纠偏工程——深圳市沙井镇百汇实业有限公司厂房纠偏，也是纠偏技术走向卓越的见证。

1999年，深圳市沙井镇百汇实业有限公司2幢厂房发生59厘米的倾斜。这幢建筑9层楼，层高4.5米，每层约1万平方米。一般说来，普通住宅楼层高2～3米，荷载为每平方米200千克，而工业厂房的荷载却达到每平方米1～1.5吨。和以往一样，整个过程不影响工厂的正常生产。如此算来，这幢9层高的厂房几乎相当于一幢数十层高的住宅重量。厂房的地基基础有砖混、钢筋混凝土等不同结构，很复杂；加上厂房面积宽、重量大，在顶升的过程中，容易造成整栋楼房断裂。

在困难面前，李国雄率领鲁班公司技术人员再次迎难而上。

经过反复的实地勘察和磋商，他们决定利用“跷跷板”的原理，也就是以厂房中间为轴心，一半下降、一半顶升，使整个大楼围绕轴心转至垂直状态。这次纠偏成为鲁班公司完成了自公司成立以来体量最大、质量最重的纠偏工程。

工程开始不久，广东省建设委员会（简称“建委”）组织了相关专家学者，在没有通知鲁班公司的情况下，悄然出现，进行现场观摩考察。原来他们这次来的主要目的是考察工程的总指挥——李国雄的妻子李小波。

李小波是李国雄在华南理工大学读书时的同窗，毕业后被分配到广州规划局工作，后来辞去工作，加入鲁班公司。她不但是建筑专业的行家里手，在公司的经营管理上也能独当一面，成为李国雄的得力助手。但由于她做事低调务实，大多场合又以李国雄太太的身份出现，所以业界对她的认知度并不高，很多人并不知道她也是实力过硬的专业人才。正因为如此，李小波第一次参加高级工程师的职称评审时没有通过。

李小波第二次参加高级工程师职称评审正值沙井纠偏工程期间，专家评审组组织专家前来观摩，一方面来学习国内体积最大、质量最大的楼房的纠偏工程，另一方面也来考察这项工程的总指挥是否真的是李小波。

看着一叠厚厚的工程图纸上李小波的签名，看着她在工地上忙碌而有条不紊地指挥，专家们信服了——谁说女子不如男，鲁班公司的女将也是巾帼不让须眉。

事实上，正如李国雄所说的那样：鲁班公司的业务量很大，建筑物的奇难杂症更是五花八门，单靠我一人，纵使有三头六臂，也无法完成这些工作。鲁班公司是个成熟的团队，在这个团队中，大家分工明确，各司其职，每个人都是能独当一面的好手。李小波——李国雄的灵魂伴侣和事业助手，正是这个专家团队里的一员。

不久，鲁班公司又收获了两个辉煌成果：一是国内面积最大、质量最大的纠偏工程——沙井实业厂房纠偏工程取得圆满成功，二是这项工程的总指挥——李小波女士被评为高级工程师。

四、拔“楼”助长 1.78 米

将高 7 层、重 9 000 多吨的办公大楼整体升高 1.78 米，这样的工程国内罕见。鲁班公司不仅顺利完成顶升，恢复了大楼的整体形象，还免费赠送了顺诚公司一个面积达 800 平方米的停车场。

1. 当“鲁班”找上“鲁班”

鲁班公司斜楼能扶正，大楼能“搬家”，能不能把埋了一截的办公楼升高？我们这个“鲁班”搞不定的事，也许李国雄的“鲁班”就能完成呢。

1998 年底，鲁班公司成功实施阳春大酒店平移工程，在建筑界引起轰动，在社会上也引起巨大反响。

工程期间，前来参观学习的专家学者络绎不绝，附近村民也怀着好奇前来参观鲁班公司如何变戏法一般，将一幢大楼原地移走。

这天，几个陌生人来工地找到了李国雄。

“李总，您好。您还记得我吗?”来者开门见山自我介绍，“两年前，省里组织推广由您研发的基坑支护规程，您在台上做报告，我还特意向您请教了几个专业问题。”

“哦，对，您也搞建筑，还是我老乡。不过，不好意思，您的大名是?”李国雄依稀记起了当时的情景。

“我叫杨金在，是顺德市顺诚建筑公司的老板，容奇镇人，我们是同行，也是地道的老乡。”他高兴地握住李国雄的手，连连点头说。

李国雄祖籍也是顺德容奇镇。亲不亲，故乡人，一攀老乡，大家的关系一下子近了很多。杨金在顺势说明了来意。

原来，他这次专程从顺德赶到阳春，除了想看一看建筑物平移这种在建筑界罕见的工程外，还别有一番隐情。顺诚公司办公楼建在105国道顺德市容奇镇路段，楼高7层，一楼是商铺，二楼以上办公。1998年，105国道的改造扩宽工程推进到顺德，公路路面加高近2米，使顺诚公司首层商铺层高由5米降到了3.2米，一楼变成了地下室，不仅影响了商铺的使用，也破坏了办公楼的整体形象。

在广东建筑界，杨金在的顺诚公司也非泛泛之辈。1994年，公司承建的顺德市万家乐燃气有限公司生活楼曾获得全国工程质量最高奖——鲁班奖。但术业有专攻，隔行如隔山，虽然都是建筑工程问题，但顺诚公司盖高楼大厦行，自己的办公楼被埋掉一截却不知道该怎么处理。这个“鲁班”还真遇到了难题。

正巧，受同业的邀请，杨金在到阳春现场观摩了阳春大酒店的平移工程，看着阳春大酒店在鲁班公司的巧手下，听话地托换、平移。杨总萌发奇想：鲁班公司斜楼能扶正，大楼能“搬家”，能不能把埋了一截的办公楼升高？我们这个“鲁班”搞不定的事，也许李国雄的“鲁班”就能完成呢。

抱着试试看的想法，杨金在找上了李国雄。

“敢不敢承接这样工程?”杨金在半开玩笑半当真地问李国雄。

“可以!”略加思考之后，李国雄一口应承，“没有问题!”

顶升，理论上和纠偏的顶升一个道理。但是，它和断柱纠偏不同，部分柱不需切断，因为全部切断后可能出现水平错动。所以，这又是一个新的挑战。

双方接触了两三次，在阳春大酒店平移工程完成后的第三天，李国雄就签订了顺诚公司办公楼顶升工程施工合同。工程工期为50天，施工费用75万元，鲁班公司另外工程投保600万元。

当李国雄和顺诚公司的合同一签订，对于李国雄而言，又是一次风险经营的开始。尽管鲁班公司之前完成了数百幢楼房的纠偏工程，尽管前不久刚刚成功完成了公司第一次建筑物平移工程，但承担楼房整体顶升，对于李国雄既是一次前所未有的新课题，又是对建筑物奇难杂症的一次挑战。据相关部门的资料显示，此前全国范围内建筑物顶升的案例，仅有二三层楼高的建筑物且顶升不足1米的纪录。将重达9 000多吨的庞然大物，顶升1.78米，这在全国还没有先例，也没有工程实例可以参考借鉴。可以说，这项工程在广东省乃至全国都具有开创意义。

顺诚公司敢于将办公楼交给鲁班公司顶升，鲁班公司敢于承接这项工程，这些无不体现了珠江三角洲人民所独有的开拓精神。历史也在这完成了一个轮回。数十年前，李国雄的父亲李泉从这里离开，到了省城广州开创了一番事业；而今天，李国雄又从省城回到家乡，替父亲也是替自己为家乡人民贡献自己的力量。

因此，对李国雄来说，顺诚公司办公楼的顶升工程具有不同寻常的意义。

2. 7层大楼顶升1.78米

到工地上参观者达千余人，有建筑界的专家领导、工程院院士，也有中央、省市及港、澳、台地区媒体的记者，他们竞相一睹大楼顶升的一幕。

1999年初，阳春大酒店平移工程结束不久，鲁班公司即移师顺德容奇镇。通过实地勘测，李国雄初步拟订了施工方案，施工过程中，要将顺诚建筑公司大楼的31根承重桩柱一根根切断，二层以上的楼层的荷载会被传递到新建的支撑顶升体系上。此时，整栋大楼会成为一个自由体，随时可能发生错位、扭转、倾斜、基础沉降等问题，如不能及时发现、控制和纠正，则可能导致灾难性的后果，轻则不能将工程顺利进行下去，重则将会使大楼毁于一旦。

李国雄和公司的工程技术人员深知该项工程所冒的风险，公司为此先后召开了20多次论证会，拿出了初步的设计方案。李国雄又拿着方案亲自到省建委，由省建委出面主持，组织了省内权威的专家进行论证，多方听取意见，补充完善，最后才把施工方案定下来。

李国雄常说："鲁班公司所承担的工程，通常为国内首创，科技含量高、风险大，不允许有任何失误，这就要求公司必须有一套严密的管理机制，要有对工程方案设计、施工组织、监控手段、信息处理、科技应用、应急反应等系统的工程计划。"

顶升工程方案主要涉及基础支垫体系、托换体系、支撑顶升体系。而在施工过程中，由于建筑物重心升高，解决支撑顶升体系的稳定性是方案设计的核心问题。所谓支撑顶升体系，主要是将托换底盘上的荷载传递到基础上，在顶升施工中不能失稳，并能有效抵抗水平力。为解决稳定的问题，在设计方案时，李国雄又带着公司的技术团队在华南理工大学建筑工程系实验室反复实验，最后确定采用组合钢管支撑结构。

在托换承载平台的4个角上各安放直径168毫米的单个钢管垫块，钢管垫块根据千斤顶行程设计成标准高度450毫米及220毫米两周，钢管垫块之间通过法兰盘进行连接。柱的两侧放置千斤顶，在顶升以后，千斤顶上放置钢管垫块，在支顶位置处的托换承台上埋设钢板及螺栓，以便与垫块连接，为安全起见，在断柱顶升后，在柱中也设置一根钢管支撑。横向垫块与垫块之间采用连接钢板，竖向垫块之间采用法兰盘、螺栓连接，并采用16毫米粗的钢筋作为支撑之间的斜向拉杆。通过这些手段解决了支顶的横向抵抗力和失稳问题。

设计方案还对顶升施工的组织、监测系统的布置、顶升量和顶升压力的控制、支顶的安装、换千斤顶和垫块及接柱的顺序都做了细致的安排。

就这样，一份科学的、国内首创的整体顶升方案终于形成了。

1999年3月，地处105国道顺德市容奇镇的顺德市顺诚建筑工程公司格外热闹，前来公司办公大楼参观的人络绎不绝。22日更是达到了高潮，到工地上参观者达千余人，有建筑界的专家领导、工程院院士，也有中央、省市及港、澳、台地区媒体的记者，他们竞相一睹大楼顶升的一幕。

将高7层、重达9 000多吨的办公大楼整体升高1.78米，这样的工程国内罕见。1.78米的高度，跳高运动员能轻松地跨越，普通人借助工具也能很容易地达到。但在顶升施工中，每级顶升的上升量不是以米来计算的，连分米都不行，而是以厘米、毫米计。最少一级顶升5毫米，最多不超过2厘米。

“差（失）之毫厘，失之（谬以）千里”，用在此处正可谓是名副其实。

大楼首层已辟为顶升施工的工地。按照合同要求，大楼二层以上在施工过程中需要照常办公。为此，整个施工过程尽可能的短，顶升要确保安全，对原结构影响尽量小，修复后的机构必须符合有关国家规范。大楼首层每一条支撑桩柱上，工人用特种结构胶和一个新浇铸的大水泥墩紧紧粘连，再把31条支撑柱都用直径20厘米、长50厘米的钢筋混凝土构件连成一个整体，建成“包柱式托换承台”。“包柱式托换承台”形成顶升力转换框架体系，把支撑大楼的桩柱的力和新建承台的力合在一起，成为承托、顶升整幢大楼的重要基础平台。为了保证顶升过程中建筑物受力均匀，工人们还在每个托换承台之间，设置了5个用以支撑楼房的钢管支撑点和两个座位顶升动力的千斤顶支撑点，并在各个支顶间处用法兰盘及拉杆将其固定，以防失稳，从而确保这些支点有足够的刚度和强度承受整幢大楼的重量。然后，再将31个桩柱从新建的托换承台下部切断，这时整幢大楼都落在了托换承台上。

1999年3月18日下午2时，在经过一个多月紧锣密鼓的准备工作后，顶升工程进入正式施工。

“顶升开始！第一次顶升1毫米。”在工地设立的现场指挥台，担任工程总指挥的李国雄发出了顶升的命令。

随着命令的下达，设置在31条桩柱旁的62台千斤顶同时开始动作，200多名工程技术人员和工人全部开始忙碌起来，有的操纵千斤顶，有的观察压力表，有的测量水平度，有的观测经纬仪，整个工地紧张有序，有条不紊。

“顶升达到1毫米！”

“建筑物无侧倾！”

“压力正常！”

……

各种数据陆续报到李国雄的手上，确定各项技术手段和设备使用正确、合理，试定阶段顺利完成。

顶升按计划分级进行，每级的顶升量最高2厘米、最少5毫米，以每级顶升量1厘米居多，完成时间一般为30秒到2分钟。每顶升一级，要汇总数据，测量楼房的动态，观察楼体的变化；而这一过程需要的时间就长得多，少则1个多小时，多则数小时不等。

如果说解决支撑顶升体系稳定性是顶升工程的技术关键，那么，建立监测和控制系统并发挥其作用，则是施工成功的另一个关键。在顶升施工中，必须随时注意楼房的运动状态，是否发生平移、扭转、倾斜，承台支撑系统是否稳定，基础是否发生沉降，上述问题如果不能及时发现、控制和纠正，后果将不堪设想。托换底盘作为一个平面，必须托起 31 根桩柱一起同时升高，这就要求各个支撑点的顶升量要相同，相邻两柱的顶升量差值不能大于1%。

李国雄在顺德顺诚建筑公司大楼施工现场
（该楼 7 层，重达 9 000 吨，整体顶升 1.78 米，上述两张图片也可作为整体顶升后的对照）

因此，在实际施工中，李国雄采取了最严苛的顶升量和顶升压力双控制的措施，每级顶升量和千斤顶最大、最小压力值的限制，将每条桩柱顶升量差距减至最小，以确保建筑物上部结构不会产生过大的次应力，结构不会受到破坏，而顶升量差值难以用肉眼观测，也需要监测系统的监控。

鲁班公司的监测系统是采取人工、仪器、电脑相结合的做法，在每条桩柱上装一个贴尺，由各柱施工人员对每级顶升量、钢管垂直度和形态、整个顶升体系、托换承台情况进行监测。为了确保万无一失，在大楼四周及大楼内部还设置了足够的水准仪，对每条桩柱的升降情况和基础情况进行监测；在大楼四周还设置了经纬仪，对大楼的位移、倾斜情况进行监测，然后将所有仪器的监测信号输入电脑，通过电脑汇总、分析，与人工观测结果进行比对，作为确定下一级顶升每一个千斤顶的压力和顶升量的决策依据；及时发现问题，采取相应的措施进行纠正，确保施工安全和工程的顺利进行，并随时进行两层以上楼层裂缝情况的监测。

李国雄精心设计的这套监测系统在顺诚公司办公楼顶升工程中发挥了重要作用。

当大楼顶升达到 60 厘米的时候，指挥部在汇总监测系统的数据时发现大楼整体发生错位5毫米。李国雄当机立断停止施工，召集工程人员召开“诸葛亮会”。通过各种设备数据的对碰分析，最终确定造成问题的原因是顺诚公司办公楼的重量不均匀，北面有楼梯重过南面，当顶升时由于反应力的作用造成了合力不一致的情况，从而发生了大楼的错位。指挥部马上采取了相应的措施纠正，加大大楼北面的压力，减少大楼南面的压力，当顶升量到1米的时候，大楼整体恢复原位。

克服错位问题后，又出现了楼体顺时针扭转的情况，在荷载最大两条桩柱也发现了因轴力较大基础出现少量沉降。这些问题的后果是极其严重的，但由于及时发现，均通过调节顶升量及顶升速度的方式使问题得到了解决。

整体顶升工程历时6天，3月23日完成。完工后，相关部门对大楼进行了验收评估，认为大楼结构没有受到丝毫损伤，质量达到设计要求，与原结构连接良好。

3. 75万元工程费，送还300万元停车场

要把公司打造成建筑界一流的高科技企业，把“鲁班”做成真正的百年老店，经济效益不是最重要的，更重要的是通过科研攻关与技术创新，树立品牌，引领行业发展。

按原施工设计方案，在顺诚公司办公大楼顶升1.78米后，要往原来的施工面回填土方。但李国雄结合工程现场实际情况，重新反思了这一设计。他认为，大楼是群桩基础，如果按原设计回填土方，大楼基础每平方米将增加3吨的荷载，800平方米就是2 400吨，大楼的原建筑基础将受到巨大压力。因此，李国雄提出，大楼顶升后，大家要做的不是加法，而是减法，给建筑物实施卸载。

修改后的设计方案，即改回填土方为卸载，即从原地面再挖掉高80厘米、面积800平方米的泥土。这样不仅为大楼卸载，还可以建成一个近2.6米高的地下停车场。按这一方案，顺诚公司在花了75万元顶升费之后，不仅恢复了原来一楼的铺面，恢复了大楼的整体形象，还能意外得到一个面积达800平方米的停车场。总经理杨金在高兴得合不拢嘴。要知道，按当时的市场价，这个停车场价值300多万元，是75万元工程款的4倍。

不久之后，从北京传来消息，顺诚公司办公楼顶升工程获得建设部科技成果鉴定奖，其技术达国内领先水平。

鲁班公司交出了一份让“鲁班”满意的成绩单。

75 万元的工程费，送还 300 万元的停车场，有些人认为工程费太少，开玩笑说李国雄给家乡人送了一份大礼。也曾有人建议李国雄，劝他把鲁班公司的特种技术做成建筑界的奢侈品，既然有实力，就应该在定价上占有绝对优势。

李国雄有自己的看法。作为公司的经营者，他对承接工程自然会考虑到经济效益，毕竟市场是残酷的，不会因为你是技术专家就高看一眼。顺诚公司办公楼顶升工程，费用包干 75 万元，要保证安全质量，又要节省费用开支，还要有经济效益，这逼着李国雄拿出最科学、最优秀、最经济的方案和措施。

改回填为卸载，其实是一个双赢的决定。从原来的要回填近 1.8 米到现在的减载 0.8 米高的土方，哪个更科学、更划算？当然是后者，这是一个双方都受益的科学的、经济的方案。同样，为大楼顶升设计的支撑体系，既要安全可靠，又要方便施工，还要物美价廉。顶升施工刚开始的时候，李国雄按惯例计划运用混凝土垫块作为填垫材料；但使用后发现这种材料稳定性差、损耗大，如果整个场地建一个大型的施工平台，成本高，效果也不理想。李国雄又带着工程技术人员研究出了后来使用的钢结构支撑体系。这种钢结构支撑体系可装可卸，稳定性能好，还可反复使用，能成为公司今后顶升、纠偏工程中的专业化设备。

李国雄认为，要把公司打造成建筑界一流的高科技企业，把“鲁班”做成真正的百年老店，经济效益不是最重要的，更重要的是通过科研攻关与技术创新，树立品牌，引领行业发展。这次顶升填补了省内空白，为企业赢得了极高的信誉，又一次攻克了技术难关，锻炼了队伍，优化了工艺，创出了成果，如此等等，这些才是“鲁班”真正需要的。事实证明，在客户眼中，鲁班公司不仅技术了得，而且诚实守信，这才是最可靠的合作对象。

靠技术立足，靠口碑发展，李国雄的眼光明智而长远。

肆

地铁攻坚

——创造多项世界纪录

李国雄常说自己是『爱吃螃蟹的人』，因为他每次面对的『奇难杂症』都是前所未有的。20世纪90年代以来，李国雄带领鲁班公司先后参与了上海、广州、深圳等城市的地铁建设，连续攻克了国内顶尖施工单位甚至是外国专家都不能解决的技术难题。建成上海地铁一号线第一个旁通道；完成了广州地铁一号线的建设中——国内地铁首例桩基托换工程；至今，深圳地铁一号线荷载1890吨的桩基托换工程仍然保持着世界最大轴力桩基托换工程的纪录，『鲁班』集团也由此成为建筑界一流的民营高科技企业。

一、修建上海地铁一号线第一个旁通道

上海地铁一号线是国内修建的第二条地铁线路，李国雄再用三重管高压旋喷技术建成第一个旁通道，解决了困扰中外专家的难题；然而，面对鲜花和掌声，李国雄却选择了急流勇退。

1. “过江龙”遇上“拦路虎”

专家们包括法国专家都没有遇到过在如此厚的淤泥里修建旁通道的情况，几个月过去了，他们拿不出有效的解决方案。

前面说到，顺利解决了西沙永兴岛饮用淡水地下水库建设工程难题的李国雄，在建筑界名声大噪，各种意向性的邀请函、工程订单雪片般向他飞来，其中包括上海地铁一号线。1992年春节刚过，李国雄完成了中山市坦洲镇大兴饭店的纠偏工程，带着中国建筑史首例断柱顶升工程的自豪，顾不上做太多的休整，就揣着这份邀请，赶赴“东方明珠”——上海。

浪奔、浪流，万里滔滔江水永不休……中国轨道交通建设历程与中国经济社会发展同行。上海作为中国华东地区的中心城市、全国经济重镇，1990年初经国务院同意，正式开工建设上海地铁一号线。这是上海第一条地铁线路，也是中国继北京之后第二条地下轨道交通线。

地铁一号线全长16.1公里，连接锦江乐园、上海体育馆、徐家汇、衡山路、人民广场和上海火车站等繁华地带，人流密集，与40多条主要道路相交，沟通了70余条公交线，开通后将成为上海最繁忙、最重要的公共交通大动脉，不仅为上海市民的出行提供极大的方便，更有助于进一步提升上海作为国际大都市的形象。

旁通道门口的隧道支撑系统

上海地铁一号线的建设工作得到了上海乃

至国家的高度重视，整个工程征借地69.8公顷，建动迁房屋53万平方米，动迁居民5 800户、单位304家；工程总概算人民币53.9亿元，并首次成功运用国际融资方式解决了资金问题，利用外国政府提供优惠贷款4.6亿马克，政府贷款4 450万美元。

上海一直是全国工业重镇，某种程度上说，“上海”两字就代表中国工程技术的最高水平。同时，隧道挖掘设备均从法国进口，聘请法方工程师培训中方工程技术人员，并来沪担任工程技术指导和监理，指导施工，以达到市场换技术的目的。因此，在地铁一号线的建设工程中运用了大量当时国内甚至是国际上最先进的技术，如首次采用了“逆筑法”工艺，圆形隧道施工采用土压平衡式盾构推进；全线应用了工厂自动焊接长轨与洞内移动式气压焊接技术，使无缝钢轨长度达6.3公里。

而就是这条集中了全国甚至是全世界顶尖专家和技术力量的地铁线路，在修建过程中却遇到了一个难题——地铁隧道旁通道无法成功修建。所谓旁通道，是指地铁上行、下行线的两条大致平行隧道之间的连接通道，一般设置在两条隧道区间最低部位处；其主要有两个功能，即消防疏散和区间排水。

上海毗邻长江出海口，由千百年来长江带来的泥沙堆积而成。可以说，上海就是一座在沙滩淤泥上建造起来的城市，城市下方是60多米的淤泥层，地铁隧道就在淤泥层中穿过，隧道中心线距地表面20米，直径6米，底部距地面23米。当时，隧道技术已经解决，采用法国进口的盾构机。盾构机有“机械蚯蚓”之称。形象地说，就像蚯蚓钻洞，把泥吃进去，然后经过身体排出来。盾构机挖隧道就有点这个意味，只不过啃的不是泥，而是地下岩石层，然后变成泥浆排出来，通过轨道运出隧道。其最大的特点就是，整个隧道掘进过程都是在被称作“护盾”的钢结构的掩护下完成的，可以最大限度地避免地面塌陷。盾构机每掘进1米，便通过管片拼装机通缝或错缝拼装单层衬砌管片。6片管片，形成一个闭合的圆环，中间用遇水膨胀橡胶片连接，随着盾构机的向前推进，隧道便渐渐形成。现在，盾构机在地铁施工中普遍使用，但当时在我国地铁建设中尚属首次使用。因为我国首条地铁北京地铁一号线隧道原本是为国家战备而修建的，至今都能从它修建的深度和牢固程度看得出来，因此其建设经验对普通地铁的参考意义不大。

隧道是地铁工程中的主体，也是难点，但隧道挖掘的问题解决了，不等于所有问题都不存在了。按修建地铁的规范要求，地铁站与站之间还需要有旁通道连接列车运行的双向隧道，即便于工作人员对于隧道、轨道进行日常检修、维护，也便于在遇到紧急情况时，应急抢险、人员疏散等；更重要的作用是，上海临海，地下水丰富，同时经常发生海水倒灌的情况，地铁隧道需要在旁通道架设抽水机，在临汛时排水防涝。

双向通车的隧道已经修建好了，如何建旁通道？最简单的就是两个隧道之间对应的位置各打开一块管片，直接挖一条通道过去连接起来。道理很简单，但实际操作却出于所有人想象的复杂。淤泥中有大量的水，流动性很大，隧道周边的6块管片形成了一个闭合圆环，受到上下左右各个方向的力的挤压；在物理学上来讲受力均匀，稳定性是最好的，如果打开一块以后，圆形结构就变成了"C"形，原本稳定的力的平衡就被破坏了，缺口所在位置很容易坍塌，周围的淤泥也会被巨大的压力挤进隧道，破坏隧道结构，造成整体变形。打一个最简单的比方，这就相当于把健康人的脊椎抽去一片，那么这个人马上就会瘫痪。

上海地铁一号线是中国修建的第二条地铁，之前的北京地铁几乎都是在地质条件良好的平原地带建设，因此在之前的方案中，根本没有预料到旁通道的修建会遇到这么大的困难，专家们包括法国专家都没有遇到过在如此厚的淤泥里修建旁通道的情况，几个月过去了，他们拿不出有效的解决方案。

上海地铁一号线这条"过江龙"遇上了"拦路虎"！

2. PK：民营科技企业 VS 大型国有企业

三月的上海，春寒料峭，迎着黄浦江上凛冽的寒风，李国雄犹如猎人遇上了猎物，劲头又来了。

王振信的压力很大。

王振信，教授级高级工程师，1930年8月出生，曾任上海煤矿设计院工程师、上海隧道建设公司副总工程师、上海隧道工程设计院院长、广州地铁总公司及深圳地铁总公司顾问等职。上海地铁一号线修建时，王振信任上海隧道工程设计院院长，负责上海地铁一号线工程的总指挥。后作为总工程师、技术顾问参与了国内地铁工程中难度最大的广州地铁一号线、深圳地铁一号线的建设工作，是中国地铁工程领域绝对的专家和泰斗，有人甚至称其为中国"地铁之父"。

王振信知道，旁通道之所以不能顺利打通，最大的困难就在于地质结构，淤泥层与普通的土层相比，含水量太高，流动性太大，如果能把旁通道周围30米的淤泥全变成坚固的石头，问题自然也就迎刃而解。思路很清楚，但问题就在于怎么变？这也是王振信组织技术人员着力攻坚的方向。

最后，他们拿出了运用搅拌桩技术解决旁通道问题的方案。简单地说，就是在地面钻一个50厘米的洞，一边钻一边搅拌，使地下的淤泥变得黏稠；在钻孔深度达到30米的时候，通过搅拌机往地下灌水泥浆，继续搅拌，将水泥浆和淤泥混合，最终形成一条直径50厘米的水泥土桩，用大量的水泥土桩密集地扎在旁通道周围，像篱笆一样起到加固淤泥的作用。

经过论证，该方案可行有效，但实施这种方案必须付出巨大代价。

为了保证施工效果，必须将隧道周围30米的范围全部加固，而隧道上方就是上海最繁华的衡山路，将人流如织、车水马龙的衡山路全线封闭两年，这无疑对交通和市民生活影响巨大。此外，大量的水泥桩密集地扎在旁通道周围，像篱笆墙一样，将破坏地下埋的各种如城市下水道、给水管、通信电缆、输电缆、排水管、煤气管等各种管道，马路上方的无轨电车电线也需要全部拆除，这种代价也是巨大的。

给市民的生活、出行带来不便，可以用其他方式弥补；地上地下被破坏的各种设施，工程完成后还能够恢复。然而，影响远不止这些，更大的成本是对地面老建筑不可恢复的破坏。衡山路旧属法租界，两边的建筑都是民国时遗留下来的老建筑——具有很高历史价值的不可移动的文物。衡山路基本延续了民国时的框架，近百年来没有按照现代化大都市的要求进行过拓宽，路面宽度仅有十来米，如果按方案将隧道周围30米的范围全部加固，就必须将马路两边的古建筑全部拆除。这些毁坏，将是永久的，代价也是最为惨重的！

如果没有更好的替代方案，这个成本高昂的方案也将被付诸实施。上海的一家知名企业已经准备就绪，随时待命，进场施工。

但不到最后关头，王振信依然没有放弃寻找更好的解决方案。恰恰在这个时候，在中国的最南端的西沙群岛，李国雄带领着鲁班公司放出了一颗“原子弹”，解决了中国国防建设上的一个重大技术难题，轰动业界。作为建筑界的专家，王振信清楚地知道，在珊瑚礁上建设地下饮用水库的技术难题已经耽搁了3年，部队、地方的专家花了无数精力、想了无数办法都没有解决，那刚刚成立的鲁班公司是用什么技术解决的呢？这引起了王振信的好奇。

“三重管高压旋喷”，拿着李国雄在西沙施工的相关资料，王振信精神为之一振，“三重管高压旋喷”可以起到和水泥搅拌桩基本相同的作用，都能向地下灌注水泥加固地基，从专业的角度判断，这个技术很有可能为解决上海地铁一号线工程遇到的难题提供新思路。

王振信建议邀请鲁班公司老总李国雄北上会诊，他刚把自己的想法说出来，就遭到来自各方面的压力。改革开放已经10多年了，但在很多人的印象中，得改革开放风气之先的广东，还是“卖烧鹅赚了几个钱的暴发户”，在北京、上海、广州的城市排名中，它依然是小兄弟。很多业内同行劝他，这次上海地铁一号线工程要处理的难题在全国甚至是全世界都是没有先例的，身为上海地铁一号线工程的总工程师，邀请一个小小的民营企业家来上海会诊，寄希望于一家刚刚开始闯荡江湖的私营企业、皮包公司，不是自砸招牌吗？还有一些朋友说，搅拌桩技术是要付出一些代价，但方案还是可行的嘛，请广东一个小老板来，让大上海的脸面往哪搁？意见最大的还是即将进场的那家大公司，且上海地铁公司是刚刚从这家公司独立出来的新公司，两家本来就是血缘关系很近的亲戚，眼看到嘴的肥肉又要被别人抢去，并且是广东的一家民营企业抢去，实在是心有不甘。

在科学面前，王振信力排众议，极力推动，向李国雄发出邀请。这种对科学的严谨态度和执着精神，乃上海之福、中国之福，它对当下的中国尤其显得珍贵。但对于王振信发出的邀请，很多人并不买账，他们等着看鲁班公司的笑话。

专家们，包括法国专家，都没有遇到过在如此厚的淤泥里修建旁通道的情况，几个月过去了，他们拿不出有效的解决方案。看过所有资料，李国雄发现这次要面对的连代表中国建筑工程最高水平的上海都解决不了的工程，这对于新生的鲁班公司而言无疑是一个巨大的挑战。但是，李国雄一直认为，优秀的、想干事业的工程师是不乐于、不愿意老是做一些简单的小工程的，而是渴望遇到难题、面对挑战、解决难题。这是猎人等到猎物、高手遇到高手的感觉。鲁班公司“挑战建筑业世界难题，专治建筑物奇难杂症”的口号，绝不只是说说而已，这种敢于面对困难、敢于迎接挑战的精神，深深根植于企业的文化精神，早已融于所有“鲁班人”的血脉中。

李国雄来了，然而这一次不仅是单纯的技术与技术之间的较量，也不仅是他带领的一个小小的民营科技企业与大型国有企业的较量，它背后还涉及了复杂的团体利益、地域保护、旧的思维惯性，要冲破这些，仅靠理想和豪情是不行的，鲁班公司必须拿出一个比之前更科学、更合理且综合成本更低的新的方案。

3. 鲁班公司带来的春天气息

李国雄习惯了逆向思维，比照之前的方案，他首先明确新方案必须具备以下三点：一是不允许封马路，二是不允许拆房子，三是不允许破坏管线。

古语云：“橘生淮南则为橘，橘生淮北则为枳。”

对于从珠江之滨来到长江之畔的李国雄而言，是鱼跃龙门，还是折戟沉沙？

这是个挑战，更是个机遇。李国雄及其团队一直相信，在面对困难时，思路和态度决定了一切；而李国雄一直以来面对压力与困难时，都习惯选择遇强则强、迎难而上。

鲁班公司是一家成立不久、规模不大的民营公司，但这不代表鲁班公司没有战斗力，正因为它年轻，没有包袱，更便于轻装上阵；国内甚至国际上都没有先例，但这不代表李国雄做不了，“挑战建筑业世界难题，专治建筑物奇难杂症”正是他追求的目标！在仔细研究过现场的情况后，他有信心让鲁班公司在西沙地下饮用水库中运用的“三重管高压旋喷”技术，在上海地铁一号线旁通道的工程中再显神威。

李国雄习惯了逆向思维，比照之前的方案，他首先明确新方案必须具备以下三点：一是不允许封马路，二是不允许拆房子，三是不允许破坏管线。比较出真知，李国雄善于比照原有方案，并在此基础上进行创新，公司的很多技术革新都是这样来的。

李国雄提出的新方案，重点仍然是灵活运用“三重管高压旋喷”技术。简单地说，就是在钻孔的同时插入竖管，管子表面有孔，加压灌水泥浆，压力可以达到30兆帕。按照这个压力，如果是向空中喷射的话，理论上能喷射3 000米高；在喷射水泥浆的同时，灌入气体和水，利用气体和水切割地下泥土，切割开后灌入水泥浆，一边高压喷，一边旋转，最终等到水泥浆凝固时便形成一条圆柱。在地下15～30米区域围绕地铁轨道喷射一周水泥柱，便将淤泥加固起来。

然而，要实现“不封路、不拆楼、不断线”的目标，并不那么容易。

先说不封路。衡山路路面仅有十来米宽，而地下30米范围都是要加固施

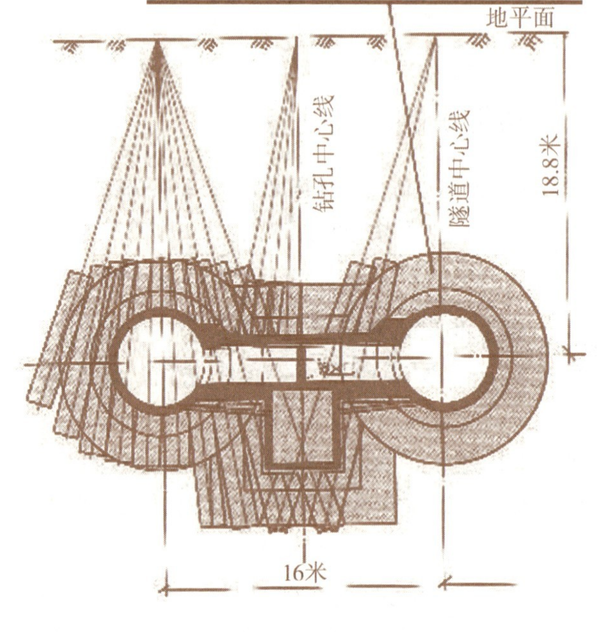

上海地铁旁通道示意图

工的，还要保证路面畅通、行人车辆正常通行，就只能将路面划分成3块，3米一次分3次施工，这样一直能保证2/3的路面正常通行，这要求鲁班公司的施工更精细、更准确。

再说不拆楼。按照传统的施工技术，钻孔都是垂直地向下挖掘。也就是说，地下需要加固多大的范围，地面就要有相应多大的施工面积，而衡山路的宽度远远不够需要加固的30米，怎么办？

“直的不行，那就斜着来吧！”李国雄总是能够打破思维的桎梏，找出一条与众不同的路。在衡山路两侧封闭施工时，不仅完成垂直打孔加固的操作，同时还向侧方实行作业，这样一来，就能在10米的路面上完成30米范围的加固施工。但这样的施工技术难度很大，钻杆本来就是两米多一节拼接起来的，在垂直下钻时受力均衡自然没有问题，现在要斜着钻下去，钻杆会受到从侧方来的巨大的斜拉力，极易弯曲变形，接头处随时可能发生断裂。因此，在全国还没有这样的先例，又是一只横在李国雄面前的拦路虎。但全国没有做过，不等于“鲁班”不能做。李国雄马上派人联系制作钻杆的厂商，询问能不能定制一批能够经受住这样严苛要求的高强度钻杆、管材及接头，对方肯定地答复可以，但是价格是常规产品的数倍。再昂贵的钻杆也比拆毁古建筑便宜啊，价格可以接受。

最后说不断线。为了满足这一要求，就必须对现有施工机器进行改装。为了不影响地面无轨电车的运营，李国雄把钻杆改装成2.8米一节，一段段可以拼接，在钻孔时避开地下管线的位置，这样上下都是秋毫无犯。鲁班公司根据建筑的实际情况改装过很多特殊设备，在市场上很有竞争优势，在抢险救灾方面更具机动性与战斗力。

李国雄的方案很快交到了上海地铁公司。地铁公司组织专家详细论证后，认为方案可行，其技术含金量和创新程度明显比原有方案要高，且社会效益显著优于前一方案。但也有不同的声音，认为鲁班公司的方案施工造价比原方案高。王振信再一次力排众议，拍板做了决定：“他们的方案工程造价比原方案高，但是不封路、不拆楼、不断线，这带来的社会效益和经济效益是难以用金钱来衡量的！”

1992 年 6 月，鲁班公司与上海地铁公司正式签订合同，施工队伍进场。当时，上海依然没有摆脱计划经济的思维模式，没有真正树立市场经济的竞争意识，特别是对于一个来自外省的民营企业，每一步都要经过层级审批、手续烦琐。这种官僚作风，对于习惯了南方模式的李国雄及其团队而言很难适应。更重要的是，它大大拖延了工程的进度，1993 年初工程才真正开工。1994 年 11 月，第一条旁通道成功打通。

第一条旁通道建设成功后，上海市人民政府专门为此召开了新闻发布会，将此作为中国地铁建造史上的重大突破技术向社会公布，而计划中的新闻发布会，并没有看到真正的功臣鲁班公司的影子。为了以正名声，李国雄派人专门打报告给广东省委宣传部，说明鲁班公司在其中做了巨大贡献。广东省委宣传部了解情况后，很快做出了批示，组织广东媒体组团赴上海采访，并集中进行了大幅报道。鲁班公司，这个来自广东的小小私营企业，又一次放出了一颗让中国建筑界震动的“原子弹”！

但是就在这个时候，面对着满眼的鲜花和掌声，李国雄却决定急流勇退，不再继续承担后续工作。这个决定让很多人不能理解，按惯常的想法，在取得了这样的成绩的情况下，不是应该一鼓作气地继续承接其他旁通道的建筑工程，做精做专，最终成为这个领域的专家吗？很多年后，李国雄才做出了解释。当时，上海与广东之间文化差异大，各种阻力让李国雄和他的团队难以接受，这些促使他最终决定，在积累了技术上的经验、创了品牌之后，离开了上海地铁建设。“鲁班”走了，却给上海留下了春天的气息。

人走了，余波却未平息。上海方面一直有人在质疑李国雄的方案，觉得成本过高。于是在之后的旁通道建设中，不同的公司采用了不同的方法，有的效果很好，有的却以失败告终。据说，还有很多地铁并没有建成旁通道，而是打成了猫耳洞。

两年后，上海地铁出了一次很大的事故，导致黄浦江旁的一栋建筑物倾斜了40多度，不得不整体拆除，造成直接、间接经济损失10多亿元，主因就是附近的旁通道建设失败！

再后来，李国雄偶然碰到了王振信。王振信一直感慨，其实当时上海的综合实力应该比广东强，但是唯一欠缺的是排外思想严重，创新意识不强。

对此，李国雄并没有做过多的评论，因为李国雄清楚，创新落到实处才能成功，不能光靠说说。而此刻，创新早已经成为鲁班公司的灵魂！

上海地铁促成了王振信与李国雄的君子之交，惺惺相惜。尽管两人很少见面，但在王振信任广州地铁公司顾问、深圳地铁公司顾问期间，在工程遇到难题时，他首先想到的就是鲁班公司，这才有了鲁班公司参与广州地铁与深圳地铁工程科技攻关的机遇。

二、广州地铁一号线中的国内首例桩基托换工程

在广州地铁一号线的建设中，鲁班公司运用独创的“锚筋式承台连接法”等独创技术，完成国内地铁首例桩基托换工程，破解了地铁隧道从建筑物地下基础中直接穿过的难题。

1. 夺标，“硬骨头”花落“鲁班”

这是一场关乎公司声誉、关乎国家尊严的战斗，李国雄只有一个信念：在这场战斗里，只能成功，不许失败！

1993年12月，继北京、天津和上海三地地铁开通后，广州地铁一号线正式动工。这是广州公共交通史上的大事，也引起众多市民和媒体的高度关注。

广州地铁一号线从西塱出发直至广州火车东站，全长18.497公里，横贯广州东西。整条线路穿越稠密的珠江水网，地质条件复杂，地面楼宇丛生。曾参加过上海、广州、深圳地铁修建的李国雄后来说，论地质条件，广州地铁比上海地铁的施工难度有过之而无不及。

按照“市场换技术”的原则，负责地铁隧道施工的是日本青木公司。但这条地下长龙到了华贵路转中山七路的时候却遇到了麻烦，有4幢6～10层的居民楼地铁无法绕过，隧道钻孔将拦腰绞碎楼房深埋地下的桩基，地上的

楼房就成了“空中花园”。根据广州地铁总公司与日本青木公司签订的合同，青木公司只负责隧道施工，而对于中间遇到的其他与隧道施工无关的问题概不负责，并要求这些问题如果影响隧道施工的进度，就要做出相应的惩罚措施。这些刻板得近乎苛刻的条件反映出日本公司的作风和特点。

2 号楼

5 号楼

广州市中山七路一带楼房林立，广州地铁一号线从此处地下穿过，而楼房的桩基托换工程则由鲁班公司实施

拆迁工程旷日持久，地铁工程的进度不允许，更重要的是经济成本高昂。据测算，5 幢居民楼的安置、补偿等工作需耗资上亿元。高昂的费用，对本来已经超支的广州地铁总公司来说，无疑是雪上加霜。

有没有经济实惠而又安全便捷的办法呢？

经广州地铁总公司牵头，集合广东乃至全国建筑界权威进行论证，有专家提出，桩基托换的方法可以一试。桩基托换，即将旧桩基裁断，把建筑物的重量从旧桩上转移到新桩基上。当时，这一技术世界上只有少数发达国家的专业公司掌握，国内还从来没有类似项目成功实施的先例。

桩基托换能否解决地铁一号线面临的难题，这需要进一步的科学论证。

此时，曾担任上海地铁一号线总工程师的王振信，被聘为广州地铁一号线的总顾问。在这个难题面前，王振信再一次推荐了李国雄和他的团队——鲁班公司。而对于这个被业内人士称为“世界罕见、全国仅有”的高难度高风险工程，李国雄有一种好猎手遇到猛兽的兴奋，所谓“棋逢对手，将遇良才”，他迅速组织科研攻关小组，参与了对地铁一号线桩基托换可行性的研究。

这是李国雄与王振信的“第二次握手”。

经过专家组的科学分析，最后得出结论，桩基托换可行，下面就是选哪家公司进场施工了。

在解决上海地铁一号线旁通道遇到的难题时，当李国雄提出用“三重管高压旋喷”的技术，总工程师王振信当即拍板，没有通过招标程序，即令鲁班公司进场施工，是因为鲁班公司有国家重点国防工程的成功先例，经验丰富。而广州地铁一号线的“桩基托换”工程却不同，鲁班公司没有做过，国内也没有先例，这种事关国计民生的重大工程，为了保证万无一失，广州地铁总公司决定向全国优秀的建筑企业招标。

4 幢大楼，约 200 个住户共数百人，稍有失误，后果不堪设想。广州地铁总公司副总工程师曾宝贤说：“风险很大，一定要做到 100% 的保险。”

前来竞标的企业包括鲁班公司共有 5 家，其中两家在苛刻的要求和巨大压力面前，选择了知难而退。

而李国雄却志在必得，不仅因为他率领的科研攻关小组，已提前一年介入广州地铁一号线“桩基托换”工程可行性研究；更重要的是，李国雄认为，作为一家高科技建筑企业，只有不断地迎接挑战，磨砺自我，才能突破自我，成长壮大。他说，参与地铁一号线桩基托换工程，既能解决地铁的难题，也能增强公司的科研攻关力量，更是公司发展过程中难得的机会，“鲁班”当然要尝试从未做过而别人又不敢做的事，这是我们鲁班公司的强项，我们不能放过！

为了能够一举夺标，李国雄亲自带着公司的业务骨干和技术专家拟定了十几个施工方案，并反复推敲、论证，力求更成熟、更科学，最终的方案直到投标前 5 天才拍板敲定；再通过 5 个不眠之夜的奋战，终于在投标当天的清晨装订完成。

1995 年 6 月 6 日，广州地铁一号线“桩基托换”工程招投标仪式如期举行。

上午 10 点 20 分，离投标截止时间只有 10 分钟，李国雄还被堵在马路上。

他抓起电话，拨通了项目招投标负责人的电话：“我是鲁班公司的李国雄，我们在路上塞车，能不能延缓一下。”

“不行，一分钟都不能延误！”地铁公司有关人员表示，为了保证招标的公平、公正，必须按时开始，不能因为某个单位影响整体工作。

路上汽车还在缓缓蠕动，还有半公里的路程，一向冷静的李国雄也不免焦虑，一个劲地看着表，“不能再等了！”眼看着时间在一分一秒地过去，李国雄跳下车，抱起一箱沉甸甸的标书，在拥堵的车龙中一路狂奔，奔向地铁公司。

这种挑战是他一辈子都难得遇上的，李国雄已为它付出了无数不眠之夜，岂能因为堵车错失良机。

当他气喘吁吁地冲进招投标会议室时，时钟正好指向10点30分。

广州市地铁一号线桩基托换工程招标会准时开始，参加竞标的3家公司分别对自己的方案进行了详细的介绍，并对评审专家的问题一一解释。

在鲁班公司提出的“桩基托换”工程方案中，楼房深埋地下的桩基将被拦腰斩断，保证地铁能从楼房地下穿过，而地面楼房不拆，楼内居民如常生活，这无疑增添了项目的难度和风险。

几轮激辩下来，经过国内最权威专家的论证，鲁班公司的方案可行性高，安全可靠，可以说是“滴水不漏”。同时，与其他几家竞标公司相比，鲁班公司还有过参加上海地铁工程建设的经验，且报价最低，无疑是该项目的最佳候选单位。于是，广州地铁一号线施工中最硬的一块骨头——华贵路至中山七路段隧道桩基托换工程，最终花落“鲁班”。

与广州地铁总公司签下合同后，李国雄一下子觉得自己身上的责任大了起来。这次要做的毕竟是国内从来没有人做过的高风险、高难度项目，要知道，地面4幢居民楼里还生活着200户数百名居民啊！

压力还不止这些。按方案“桩基托换”的约定时间仅300天，而当时负责钻隧道的日本公司在合同中明确规定，“桩基托换”必须在钻隧道的盾构机到达前完成；否则，每迟一天就要罚款4万元人民币！

这是一场关乎公司声誉、关乎国家尊严的战斗，李国雄只有一个信念：在这场战斗里，只能成功，不许失败！

2. 先吃三明治，再布锚筋阵

打新桩就像是在螺丝壳里做道场，工人在暂时搬空的首层施工，高度仅3米，而一般打桩钻孔却需要10多米高的空间。

旧桩基要撤换，首先要在地铁线路外围打下新桩，撑起房子。新桩必须有足够的强度，更稳、更直，才能抵御钻隧道时引起的周围土层搅动带来的压力变化；此外，地铁线路以外的旧桩基还需要保留。因此，在施工时还需要考虑到新旧桩基之间的不均匀下沉，防止地表的房子因地基受力不匀而开裂。

李国雄把这个问题当成了当年在学校时的课题，以做学问的方式，从理论依据出发，以实验推演，拿出了十几种解决方案，并最终选择了最科学、最具可行性的，也是他所独创的——锚筋式承台连接法。

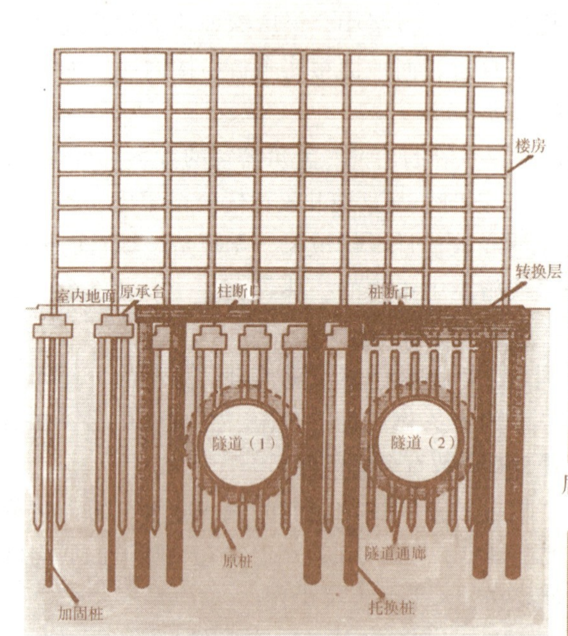

楼房桩基托换图

桩基托换的楼房外景

盾构机穿过托换桩基的楼房下面，进入长寿路站

地铁隧道

按该方案，楼房桩基托换将分为三步走：第一步是为楼房铺设新的支撑桩柱，将房子托起来；第二步是将建筑物的旧桩基截断、撤换；第三步是通过新的承台，将建筑物的重量从旧桩基上转移到新桩基上。三步同时进行，边埋新桩，边断旧桩，保证建筑物基础受力均匀，房屋稳定安全。

打新桩就像是在螺丝壳里做道场，工人在暂时搬空的首层施工，高度仅 3 米，而一般打桩钻孔却需要 10 多米高的空间。新桩的落脚也是见缝插针，旧桩与地面之间有一个承台，这些密密匝匝的承台之间仅有 20 ～ 80 厘米的空隙，新桩就要在这仅有一层书架宽的缝隙间安插。

在这么狭小的空间里施工，鲁班公司改装的特殊设备再一次发挥了无可比拟的优势。

为了让新桩牢固，李国雄拿出了自己压箱底的绝活：预埋管桩底注浆技术。在建筑工程中，通常的打桩是通过导管注入混凝土，但在这里，除此之外还要随钢筋笼放下预埋管，再用10兆帕的压力从预埋管里注射水泥浆（10兆帕的压力可以把水泥射向1 000米的高空）。高压注射的水泥浆能够将可能存在于桩底的一个疏松的夹层加固，这个夹层有可能在打桩钻孔时由沙石下滑形成。

新桩入地需要多深？按原方案是24米，其中入岩部分为1米，这个深度对于一般的居民楼而言已经足够。但在正式施工后，却意外发现了问题，这里的地质条件非常复杂，土层下的岩面高低不平，起伏很大。如果新桩还按原计划入岩1米，那么新桩势必也是参差不齐，整幢房子的根基就变成了一个起伏不定的坡面，立不稳固。

最令人头疼的还有新桩入岩后的地质构成，就像三明治，一层硬，一层软，新桩打下去后，无法判断桩底下面是硬层还是软层。如果打在软层上，那么这根桩肯定无法站稳，起不到支撑的作用。

从在建工学校上第一节建筑专业课开始，李国雄就知道基础对一个建筑物的重要性。尽管工期日益迫近，但他果断要求停工，基础施工，宁停3天，不抢1秒。

李国雄马上召集公司的技术人员开会研究。通过分析，大家认为，新桩入岩一定的深度后，其实主要是依靠与周围岩层的摩擦力来保持稳定，并形成向上的支撑力，而不是仅仅依靠桩底的压力。明白了这个原理，就抓到了问题的关键点。要做到能够不受地下岩层软硬问题的影响，最直接的办法，也是最可行的办法，就是将新桩打到比原设计更深的位置。

通过周密的计算，李国雄决定，新桩入地深度调整为30～35米，视地质情况具体调整每根桩柱的入岩深度，但其中入岩部分不少于10米，新桩要比旧桩多钻入地下10多米。

新方案一定，施工马上继续。李国雄将工人分为两班，采取人停机器不停、施工不停的办法，加快施工进度。因为没有余地也没有时间给他们补打新桩，必须保证每一根新桩的有效性，李国雄还专门安排了技术人员对每一根入地的新桩进行实时监控，根据敲打新桩后的反射波判断新桩的稳定性，若反射波不均匀，再通过钻芯取样来具体分析。其中有一根已经打下7米的新桩，被检测出了存在裂缝，在转接地面建筑物重量后，可能存在安全隐患，李国雄毫不犹豫地命令拔掉重来。

新桩架设到预定位置后，最棘手的问题摆在李国雄面前。

所有建筑物的支撑柱与桩基之间都是通过一个承台连接的，承台就像是一个托盘，由桩柱通过托盘托起地面上的柱子。新桩打下后，必须重建新的承台来传递、分解新桩与建筑物原有旧承台之间的受力——转换层。

按地铁公司的要求，4 幢居民楼的旧桩必须锯断，与地面建筑完全脱离。这便意味着，要地下施工，因而不能只是使用普通的灌浆法进行施工，用板块密封来包住整个旧承台与新桩。

更棘手的是，由于地铁行进所需的隧道跨度大，使隧道上方的承台形成了正下方没有支撑物的桥面，极有可能因为受压变形而下弯，毕竟这个承台只能有 2 米厚，最薄的地方甚至只有 70 厘米。

在以往的多次纠偏工程中，李国雄也遇到过类似的情况，但承重和施工环境都没有这次复杂。根据以往的经验，李国雄组织专家团队集体攻关，独创了锚筋式承台连接法。

锚筋，是把预埋件与混凝土锚固连接的钢筋。锚筋式承台连接法，即在建筑物原承台边布下锚筋式的混凝土梁，钢筋梁会像“轿子”一样架起原承台，底部则与新桩连接，这相当于由新承台将旧承台连房柱一同“夹”起，起关键作用的是新旧承台之间的摩擦力，而不是通常的从底部托起房柱那样的向上的支撑力。

为解决“桥面”下压的问题，李国雄还在浇铸新承台时破天荒地采用了从未在这种条件的施工中使用过的“预应力张拉”——在混凝土梁的一端用力夹紧锚筋，而在另一端反向用力张拉，使锚筋像弹簧一样使新的转换层向上反弓。这样，本来没有梁柱支撑的“桥面”凭空获得了向上的支撑，受压时不会下弯而是保持水平。

以往这种技术通常只是建设桥梁等大跨度建筑物施工时使用，但在这种上有柱“压”、下有桩“顶”的条件下使用，则完全是李国雄的首创。李国雄创造性地将建筑业内两种完全不同建筑物施工方法结合在一起，形成了自己独有的全新技术，而这仅仅只是李国雄和鲁班公司大量科研成果中的一个。在公司设立之初，李国雄便将公司准确地定位为“高新技术企业”，并一直保持对科研以及技术创新的高投入，而这正是鲁班公司发展道路上不断前进的原动力。

锚筋式承台连接法被广州市认定为重大科技创新成果，并获发明专利，广州地铁一号线楼房桩基托换技术被建设部认定为科技创新成果并加以推广。后来，李国雄又对其进行完善，最终发展为“飞碟式承台”，成为鲁班公司的核心技术。

3. 地铁，从楼群下穿过

“向这样一个国际级的技术难题挑战，‘鲁班’确实不简单。”参与地铁建设的国内外专家交口称赞。

比李国雄还要关注工程施工情况的是地面上 4 幢居民楼里的街坊们。毕竟，人跑得掉，家搬不走，街坊们的全部身家都维系在李国雄的鲁班公司身上，他们无时无刻不在关注脚下的一丝一毫的动静。

“咁危险，会不会不保险啊?”龙津中路三圣五巷 5 号的黎阿婆在工程开始之后一直提心吊胆，惴惴不安。每天买完菜、做完饭之后，总要下楼去工地的围蔽处张望打探一下，看看工地上有没有什么变化。虽然工程主要在地下进行，她什么都看不到，但似乎不这么做就不安心。

眼看着断旧桩的日子到了，黎阿婆愈发不安了。她张罗着，准备临时搬到女儿家去，等施工全部结束后再回来。

黎阿婆的想法代表了很多街坊的意见，大家都在问：“旧桩一断，那个‘桥面’能夹得住吗?”

为此，广州市地铁公司召开了住户代表座谈会。会上，鲁班公司的代表详细解释了工程原理。为了让大家放心，公司在华南理工大学做了一个 1/2 的模拟实验，并请街坊们和相关领导现场参观。

模拟试验让黎阿婆的心放回了原处，女儿家也不去了，安心继续在家里待着。只是每天有空还是会去楼下的工地看一看，不是不放心，而是想亲眼见见这一建筑史上的奇观。

断旧桩虽然不是整体工程中难度最大的一役，但绝对算得上是最艰苦的。

时值冬季，地面以下十来米深处的地下水冰凉刺骨。担任断桩任务的工人们需要钻到 18 米深的地下，跳到过腰深的地下水和淤泥中。工人下去 15 分钟就无法忍受，冻得浑身哆嗦，嘴唇发紫。

对于整个工程而言，断旧桩也是对前两个阶段工作的检验。断桩后，如果建筑物的房柱没有大幅度下沉，就说明新桩基铺设成功，承载了地面建筑物的重量，顺利“接班”。为保险起见，李国雄规定旧桩必须一根一根地截断。而安监人员每天都在测试房柱的位移情况，以便能及时发现下沉，迅速停止断桩，调整施工策略。

前期一切顺利，但当旧桩断到一半的时候，安监人员检测到有一根桩出现明显位移。但最后，这根桩在下沉了3.7毫米后停止了位移，这也是本次施工过程中新旧桩沉降差的最大值，离地铁公司规定的8毫米的极限还差很远。事实证明了鲁班公司施工方案的科学性。

日本公司的盾构机还有20多天就要过来了，谁料在这关键时刻出现了拦路虎。鲁班公司在挖最后两根桩的时候，意外发现地下的地质条件异常复杂，地下是疏松的沙夹层，还有一条地下河从下面通过，根本无法下人挖桩。

施工再度被迫暂停。

怎么办？

工程施工人员束手无策，眼看日本公司就要兵临城下，如果不能按时完成桩基托换，迟一天要罚4万元；更重要的还不是经济损失，而是公司的信誉！信誉！

李国雄也着急了，经过深思熟虑，他大胆提出——“抽地下水！”在地下河的上游钻井，强行抽水，降低水压，降低下游施工现场的地下河水位，直到工人能够下去施工。

但李国雄的意见几乎遭到了公司所有人的反对，几个老资格的工程师明确提出，这个地段正处于老城区的核心区，附近都是一些20世纪二三十年代修建的老房子，时间久、历史长，且由于当年的工艺限制，建筑物的基础不像现代的牢固。如果因为钻井抽取地下水导致地面沉降，后果谁都承担不起！

总工程师拒绝在施工图纸上签字。

“我来签！有问题我这个公司法定代表人负全部责任！”一向稳健的李国雄认为，这有足够的理论支撑和科学依据，并不是冒险。根据十几年的土力学教学经验和8年多的工程实践经验，他认为这里是淤泥层，地下水不易渗透，利用10余天时间完成隔水层下的施工，尚不至于造成地面下陷的。

方案得到王振信的全力支持，工程重新开工。

工程指挥部里，日本公司盾构机入场的最后期限在日历上被用红笔重重地勾了出来。每过一天，李国雄便在日历上划掉一天，剩下的日子一天比一天少，地下的旧桩一根比一根少，两个数字仿佛是在赛跑，谁先清零谁就是胜利……

盾构机抵达的前一天，最后一根旧桩柱被鲁班公司清掉；而地下河上游地表建筑一直未发生沉降，李国雄终于能松一口气了。

在长达300多天的攻坚战中，李国雄带领着“鲁班人”共清掉了旧桩84根，同时打下新桩193根。地面4幢居民楼的重量成功转移到了新桩上，在这么长的施工过程中，地面建筑纹丝不动，更没有在墙壁上留下一丝裂痕！

工程竣工并不等于大功告成，工程还要接受最后的考验：当日本公司的技术人员操纵着盾构机在地底挖掘推进，隧道贯通时，必定会对周边的土层产生极大的震动，鲁班公司铺设的新桩基能否抵御这种震波，岿然不动？当盾构机通过土层，隧道的雏形会基本形成，但在最后的加固之前，土层会有少量的下沉，鲁班公司的新桩基又能否承担这种压力？

事实说明一切。

1997年1月7日，盾构机顺利通过，完成该段隧道的挖掘工作。而一直照常在地面居民楼上生活的黎阿婆完全没有感到房子的震动，直到看到报纸上的消息，她才知道，地铁隧道已经从自己脚下穿过。

“向这样一个国际级的技术难题挑战，‘鲁班’确实不简单。”参与地铁建设的国内外专家交口称赞。当时的广州地铁公司总工程师评价说：“这是地铁建筑史和工程建筑史上的首创，对以后其他地铁选线将会有借鉴，只要能用桩基托换，地铁就不必绕开楼房。”

1997年6月28日，广州市地铁一号线首段（西塱—黄沙）开通观光试运营。当天，上万市民争相乘坐，纷纷抢着体验一把地铁的新鲜劲；两年后的同一天，地铁一号线全线贯通正式开始运营，广州作为全国第四个开通地铁的城市，正式进入“地铁为生活提速”的新时代。

当地铁梦圆的那一天，当满载乘客的铁龙呼啸着从地下、从楼房下穿过的时候，人们暂时忘记了拥堵的街道，却不会忘记那个新桩换旧桩的故事，不会忘记那些为地铁开路披荆斩棘的功臣，不会忘记为了解决工程难题不断迎接挑战、不断开拓创新、不断突破自我的“鲁班人”。

工程完工后，在业内引起了很大的轰动。广东省土木建筑学会与鲁班公司组织了一次省内巡回讲座，李国雄的精彩报告博得了业内人士的一致好评。

2000年，广州地铁一号线桩基托换工程项目通过建设部鉴定；2001年，该项目获省建设系统科技进步一等奖、省科委科技进步三等奖。但对于李国雄和鲁班公司而言，这不过是“挑战建筑业世界难题，专治建筑物奇难杂症”道路上的一道大餐，它既不是起点，更不是终点！

之后，李国雄又带领着鲁班公司陆续完成了广州地铁二号线越秀山华侨楼托换、三号线市侨明丽花园小区托换、五号线南田高架桥托换、八号线中山八路高架桥托换等工程。

"鲁班人"，始终在路上……

三、深圳地铁一号线中的世界最重桩基托换工程

作为鲁班公司深圳分公司的启动项目，李国雄成功完成了深圳地铁一号线上荷载1 890吨的世界最大轴力桩基托换工程。除了技术上的积累，李国雄在企业经营上也有了更深的领悟。

1. 羽扇纶巾，谈笑间，樯橹灰飞烟灭

作为一个民营高科技企业，我们要学会时刻保护好自己的业绩，保护好自己的无形资产，品牌和口碑才是我们最大的财富。

2002年，在鲁班公司顺利完成深圳地铁一号线C段桩基托换工程后不久，公司以具体承接此项业务的鲁班公司深圳地铁攻坚小组为基础，正式成立了鲁班公司深圳分公司。

在深圳分公司成立大会上，董事长李国雄作总结发言。他一上台，却朗诵了苏轼的词《念奴娇·赤壁怀古》——

大江东去，浪淘尽，千古风流人物。
故垒西边，人道是，三国周郎赤壁。
乱石穿空，惊涛拍岸，卷起千堆雪。
江山如画，一时多少豪杰。

遥想公瑾当年，小乔初嫁了，雄姿英发。
羽扇纶巾，谈笑间，樯橹灰飞烟灭。
故国神游，多情应笑我，早生华发。
人生如梦，一樽还酹江月。

台下在座的人面面相觑，不知是何用意。

只有当时深圳分公司经理隐约猜到，应该是和公司在深圳地铁3C标段施工结束后与合作的某国企之间一桩不愉快的“官司”有关。

果然，李国雄接着说，苏轼的这首《念奴娇·赤壁怀古》可能在座的很多人都会背，其中“羽扇纶巾，谈笑间，樯橹灰飞烟灭”一句描述了周瑜手摇羽毛扇，头上裹着青丝帛的头巾，谈笑之间，就把曹军战船烧得灰飞烟灭的英雄形象。

今天我引述这句话，其用意就是告诉大家，我们在深圳地铁3C标段的施工中，碰上了强敌，遇上了真正的高手、江湖老大。“老大”在申请“詹天佑奖”时完全把鲁班公司撇开，而其中奖项的核心技术是鲁班公司完成的。

这至少给我们两点启示：首先说明我们的功力还不够，没修炼到家，至少是只注重内涵，没注重形象，功夫还不全面，要甘拜下风，不仅不要有怨气，恨自己的对手，还要感谢他们给我们提供了学习的机会，使我们看清了自己的缺点和短处，以利于韬光养晦，提高本领；就像与高手对弈，吃了小亏，长了棋艺，乐在其中。第二点启示告诉我们，商场如战场，“乱石穿空，惊涛拍岸”，时时存在着凶险和暗流。作为一个民营高科技企业，我们要学会时刻保护好自己的业绩，保护好自己的无形资产，品牌和口碑才是我们最大的财富。我希望大家能认真总结深圳地铁3C段纠纷的经验和教训，这无论对于我们公司还是对于我个人来说，都是一笔宝贵的财富，也是在本次工程项目中的最大收获。

到底是什么让李国雄——一个久经风雨的商场儒将出此感言？

事情还要从2001年深圳地铁一号线工程说起……

2. 粗心大意留隐患

深圳地铁总公司指定，深圳地铁一号线3C标段的桩基托换工程，不管哪家公司投标，都要联合鲁班公司一起投。

2001年，深圳作为我国改革开放的前沿阵地，继广州之后拉开了修建地铁的序幕。深圳地铁一号线工程不仅是深圳市第一个国家重点工程，也是深圳建市以来投资最大的市政重大工程。工程于1998年5月获国务院批准立项，1999年10月初步设计通过评审，随后正式开始施工。但在地铁的建造过程中，建设者们遇到了一个前所未有的大难题。

改革开放后，深圳经济发展迅猛，原本的小渔村在短短20年时间发生了翻天覆地的变化，昔日的农田鱼塘被林立的高楼取代。深圳地铁一号线由罗湖口岸起，途经人民南路、解放路、深南路等繁华的罗湖区和福田中心区；线路至华侨城东侧，走向呈倒L形，沿途设国贸、老街、大剧院等站，从楼宇丛生的市中心穿过。

在线路规划时，设计师已经想方设法尽量避开地面建筑。但地铁是轨道交通，线路不可能像公路一样，横平竖直，遇到障碍时能以直角的方式避开，而是必须有一定的曲度，保证列车行驶的安全。因此，地铁隧道无法完全绕过楼房，其中3C标段途经深圳商业中心的深南路，是地铁一号线中距离最短、风险最大的标段。按照规划，隔着深南路遥遥相对的华中国际酒店和百货大楼的桩基将被地铁隧道拦腰截断，楼房将变成“空中楼阁”。

建筑物的桩基被截断，自然会立足不稳。如果拆除——两栋大楼都刚建不久，成本高昂，且工期长，对市民正常生活影响大——实乃下策。如何在地铁施工的同时保证这两栋建筑的安全，成了挡在深圳地铁建设者面前的两座大山。

此时，与鲁班公司有多次合作经验的王振信被深圳地铁总公司聘为技术总顾问，他提出原有的桩基被截断，不能承载建筑物本身的负荷，那么自然要用桩基托换的方法来帮助大楼“站稳”，并推荐了鲁班公司。

作为技术顾问的王振信向地铁公司推荐了和他有过多次合作的李国雄和他的鲁班公司。

这是李国雄和王振信继上海地铁和广州地铁工程后的再一次握手。

此时的李国雄和鲁班公司，已经成功完成了广州地铁一号线、二号线等多起地铁建设中的桩基托换工程，无一例失败。其中，广州地铁一号线隧道的托换工程，对5栋楼房的桩基按质按量安全地进行了托换，这是一个世界罕见、中国绝无先例的高难度高风险工程。该工程通过了建设部的鉴定，被广东省建设厅评为2000年度建设系统科技进步一等奖。

鲁班公司在桩基托换工程中积累了大量的技术与经验，优势明显，是国内当之无愧的“桩基托换第一人”，加之当时国内具备桩基托换技术的公司并不多。鉴于此，深圳地铁总公司决定，深圳地铁一号线3C标段华中国际酒店和百货大楼的桩基托换工程，由鲁班公司承接。

也许有人会问，王振信和李国雄是不是有什么私交，王振信才得以如此力挺鲁班公司，数次推荐，并给予不用投标的特殊待遇。非也，两人本来素昧平生；相识后，也只是技术上互相信任，毫无利益关系。这种坦诚与互信有钟子期善解俞伯牙琴声的雅致，有伯乐善识千里马的智慧，实乃君子之交淡如水。

此时国家以“市场换技术”的方针已初见成效，国内有很多公司都具备了地铁施工的技术和经验。深圳地铁公司主体工程面向这些公司进行公开招标。

在广州地铁一号线的施工中，隧道主体的挖掘者为日本青木公司，而负责桩基托换的是鲁班公司。日本青木公司为了工程进度，给鲁班公司设定了工程最后期限，超过期限每天要处以高达 4 万元的罚款，广州地铁总公司出面协调，也没有结果，幸而鲁班公司在期限内完工。为了避免出现广州地铁中类似情况的发生，深圳地铁总公司指定，深圳地铁一号线 3C 标段的桩基托换工程，不管哪家公司投标，都要联合鲁班公司一起投。

也就是说，深圳地铁总公司将 3C 标段和两栋楼的桩基托换工程两个项目打包招标，无论由哪家公司负责主体施工，都由鲁班公司完成托换工程。

再换句话就是说，鲁班公司是承接深圳地铁一号线 3C 标段桩基托换工程的唯一指定公司。

之所以不厌其烦地解释这件事，是因为这是日后纠纷的关键所在，前面多说几句，后面“官司”输赢一目了然，也就不必多费笔墨了。

3C 标段工程的招标，就好比高考，招收名额有两个，鲁班公司以优异成绩被免试破格保送录取，另外一个名额面向全国统一招生，择优录取，而参加高考的都是国内实力雄厚的知名企业。经过激烈而严格的预审、招投标程序，中央某部委下属大型国有企业（简称“国企”）中标。深圳地铁一号线 3C 标段由该国企负责主体隧道施工，鲁班公司负责大楼的桩基托换。

不用“考试”，就轻松拿到这个工程，李国雄自然很高兴。当时，由于公司业务的扩张，李国雄正筹建成立深圳分公司，这次拿下深圳地铁一号线 3C 标段百货大楼的桩基托换工程，正好能作为深圳分公司的第一个工程开个好头，不仅对锻炼队伍、检验技术大有好处，还能将工程款作为分公司的启动资金，帮助公司尽快走上正轨。这样，自己也尽到了“扶上马，送一程”的责任。

经过紧锣密鼓的准备，李国雄带上做好的方案，率员与该国企沟通，协商两家公司在工程中的合作事宜。该国企总经理亲自出面接待，会谈气氛轻松愉快。在李国雄看来，总经理是一个学者型的领导，气度儒雅，谈吐不俗，两人谈得十分投机。谈得兴起时，那位总经理更是声明，作为部属国有企业、"老大哥"，鲁班公司是民营企业、"小兄弟"，老大哥一定不会让小兄弟吃亏；还提出为了顺利开展工作，对外统一形象，建议双方签订分包合同，鲁班公司作为隧道公司旗下的工程队，穿隧道公司统一的工作服。

李国雄连连称谢，称国企老大哥果然豪爽仗义，出手大方，不仅关照我们，还发我们衣服。当时，一心想顺利做好项目的李国雄，把注意力主要放在双方业务的衔接与配合上，哪里在意这些看上去细枝末节的东西。谁想到，一时的粗心大意竟为日后的纠纷埋下了隐患。

3. 1 890 吨和 +1，-3

承重桥的变形量是 +1 至 -3。也就是说，托换完成后，最终桩基的下沉量不能超过 0.3 厘米，上升不能超过 0.1 厘米。

真正进场之后，李国雄才发现，面临的挑战比之前想象的还要大。3C 标段由明挖区间隧道和暗挖区间隧道两部分组成，其中暗挖区间隧道须从百货广场裙楼桩基础群中和华中国际酒店桩基础地基中穿越。为减少因隧道施工对建筑物地基基础的影响范围，该段区间隧道采用单洞双层重叠隧道形式，矿山法施工。在隧道施工之前，需采用可靠的技术方案对隧道施工影响范围内建筑物的桩基础进行托换，使其上部结构荷载通过托换结构转换到隧道施工范围以外的新桩基础上，以确保建筑物的正常安全使用。

要砍断百货大楼桩基，还要让它"站稳"谈何容易。百货大楼原设计塔楼为 17 层、裙楼 7 层，后几经修改，变成了塔楼 22 层、裙楼 9 层、地下室 3 层。地铁工程桩基托换位于百货广场的西侧裙楼，共有 6 根柱子，平均每根柱重达 1 500 多吨，最大承重柱 1 890 吨。世界建筑史上，还找不到这样大荷载的托换工程！

当时，在国内外桩基托换工程实践中，较有代表性的有两个，第一个是采用主动托换技术的日本京都地铁车站，第二个就是由李国雄和鲁班公司完成的、采用被动托换的广州地铁一号线。百货广场的桩基托换和以上两例相比，遇到的问题更为特殊、复杂。其难点是：整个托换过程在建筑物的负 3 层进行，需要托换的桩基类型多、重量大，托换操作空间小，区域地质条件复杂及地下水位高，等等。

这些困难中，最难的还是重量，工程所需托换的桩基轴力大，最大荷载接近 1 900 吨。据资料显示，是有史以来国内外地铁、地下工程中最大轴力的桩基托换，堪称世界第一大托换！相比之下，当时广州地铁一号线托换工程中，李国雄可以通过群桩来支撑地面建筑原有桩基的荷载，同时荷载也相对较小，一根桩基所受的力大概只有 360 吨。

李国雄（左三）参加深圳地铁一号线某段桩基托换工程施工方案研讨会

在托换工程中，桩基的荷载越大，就意味着施工方浇筑的用来转移桩基荷载的托换桥越容易弯，就意味着地面建筑物越容易发生整体下沉；而对于高层建筑来说，桩基的沉降无疑是最可怕的，会对整个建筑造成撕裂的后果。作为业主，深圳地铁公司对承重桥的变形量是 +1 至 -3。也就是说，托换完成后，最终桩基的下沉量不能超过 0.3 厘米，上升不能超过 0.1 厘米，而当时广州地铁内部给出的底线是 ±3 厘米。毫无疑问，鲁班公司必须拿出比在广州地铁一号线托换工程中更可靠、更有效的技术。

办法总比困难多。在李国雄看来，一个高难度工程的出现，是企业发展的大好机遇。因为只有面对挑战，才能带来技术上的创新和突破；反过来，技术上的创新和突破，又会带来企业产值的大幅上升，帮助企业更上一层楼。因此，鲁班公司要靠技术创新来发展，根据市场需要迎难而上。

根据现场的实际情况，李国雄最终决定采取和广州地铁一号线被动托换工程不一样的主动托换方式。首先在每根柱旁做两个桩径为 2 米、深 20 米的人工挖孔桩，然后再做一个包柱式转换大梁将柱和新的两条桩连接起来，原柱楼房的承载力通过转换梁传递到新桩上。这样，地铁隧道就能顺利地从建筑物原桩基的位置通过。

桩基托换其实就是实现力的转换，也就是将大楼桩基原来承载的所有重量安全转移到新建的托换结构上。每截断一根旧有桩基，需花费 24 小时；而截断后的桩基重量完全转移至托换结构，一般需时 2 天。

为了确保整幢大楼的安全和随后进行的隧道施工，同时不影响百货大楼的正常营业，鲁班公司将百货大楼地下 3 层原用作停车场的空地变成了一个巨大的施工现场。工人们预先做好了 12 根圆柱形新桩，并浇筑了 6 座长方体大梁。每一个托换结构承担起大楼原有一根基桩承载的重量。6 座 3. 2 米宽、2. 2 米高、10 多米长的托换大梁宛如巨大的集装箱，静静陈列于地面，数十根粗细不一的黑色数据线密密麻麻，穿越大梁，一直连接至控制室。每座大梁底下，都有 2 根圆柱形新桩，每根新桩深入地下 20 米深，直径达 2 米，由钢筋水泥浇筑而成，十分牢固结实。每 2 根新桩支撑 1 座大梁，从而组成一个托换结构。每一个托换结构则负责承担起大楼原有的一根基桩所承载的重量。未来的地铁隧道，则会从这些托换结构底下穿过。

除此之外，“鲁班人”还面临着三场攻坚战，按李国雄的说法，就是还要打赢三大战役才能取得最后的胜利。

第一个是要解决地下水问题。深圳沿江靠海，地下水丰富，根据勘察资料，该楼地质状况为粗沙层，含水量丰富。12 米以下为花岗石残积土，这样的土质结构松散，无水时很硬，一遇到水就变成泥浆；再往下就是断层，有地下水喷出，这些情况给挖孔桩的施工带来更大麻烦。怎么办？李国雄做了一个形象比喻：就像一个放水的水管，要堵住流出的水最简单的方法就是把出水口堵住。也就是说，对挖孔桩四壁的周边土层进行灌浆加固，这样四周就形成了一个防护层，防止地下水涌入。

挖新桩过程中还有一个问题就是旧桩与新桩距离很近，如果挖新桩过程中不小心破坏了旧桩，就会影响楼房的稳定性。灌浆加固一方面解决地下水涌入的问题，另外还作为防护层避免挖新桩时对旧桩的破坏，起到一箭双雕的作用。

第二个攻坚战是要对大楼进行 24 小时的监测。为了精确地保证桩基在托换后，其上抬量不能超过 0. 1 厘米，下沉量不能超过 0. 3 厘米，施工人员在每一根柱和周围的桩、梁共预埋 120 个监测点，运用静力水准仪，测量每条承重柱，通过应变剂，测出钢筋变形来完成对桩的监测。同时，将每一个测量点连接到电脑，对托换结构实行 24 小时监测，测量托换结构的受力状态和柱位下沉情况。这样，每根柱、每根桩和整个托换结构的任何一种细微变化，都处在严密的监控之中。大楼内经过对相关数据的分析和信息反馈，工程人员会及时了解托换过程中力的变化，随时修正设计，指导施工，做到信息化施工，从而确保施工安全高效，使托换过程万无一失。

最后一个难题就是主动托换的预顶装置。主动托换与被动托换技术最大的不同，就是主动托换需要安设预顶装置。预顶装置是在托换大梁和新桩之间设置200～500吨的千斤顶，每根新桩放置2～4个自锁千斤顶，在托换之前利用千斤顶加载，这样，在托换过程中就可消除桩和梁的变形对楼房上部结构的影响，同时在隧道开挖过程中也可以控制开挖隧道时引起托换结构桩位的变形。此种装置必须有严密的监控手段，以证明荷载是按预期计划实行转移的，正好以上的电脑监控出色地完成了这一重要任务，这样的环环相扣，保证了托换过程的安全实施。

深圳地铁一号线中，中国国际酒店和百货大楼桩基托换由鲁班公司实施

整个托换工程耗时50天。3月5日开始实施，裙楼的第一根承重桩于3月12日被顺利截断。4月24日，经过紧张施工，深圳百货大楼裙楼最后一根承重达1 890吨的桩基成功完成托换，标志着迄今为止世界最大的桩基托换工程已经渡过难关，百货大楼变成了“空中楼阁”。与此同时，百货大楼的日常营业未受影响，前来购物的顾客依然络绎不绝。至此，百货大楼原有6根承重柱全部被新桩托换，顺利实现了“托梁换柱”。深圳地铁一号线上最大最粗的“刺”被清理干净，由此往前，便是一路坦途！

4. 吃亏是福

作为一家民营高科技企业，鲁班公司的最终目的是企业的发展壮大。打造中国建筑界的百年老店，不能只顾一时意气，只争一时得失，正所谓“和气生财”。

深圳地铁一号线是世界上最重的桩基托换工程，引起了社会的广泛关注，国内多家主流媒体都用了大量的篇幅对这一建筑界上的盛事进行了详细的报道。李国雄作为托换工程的总指挥，也代表鲁班公司接受了相关媒体的采访。

没想到，报道却引来不小的麻烦。几天之后，李国雄接到了该国企打来的电话。对方指出，按之前双方签订的合同规定，3C 标段工程是以该国企的统一形象承担的，整个工程统一归到该国企集中管理；所以，该国企的总经理才是工程的总指挥，而李国雄只是工程的项目负责人，无权擅自单独接受媒体采访，并要求鲁班公司交出书面检讨。李国雄据理力争，提出鲁班公司是整个 3C 标段工程的联合承包方，而自己确实是托换工程的总指挥。

当时，由于 3C 标段的整体工程尚未全部结束，部分工程款也一直未能与该国企结清。而刚刚走上正轨的深圳分公司，也急需资金开展业务。于是，李国雄本着以和为贵、息事宁人的想法，同意该国企的要求，由鲁班公司深圳分公司出面，递交了书面检讨，承认该国企的总经理是整个工程的总指挥，并承诺鲁班公司不会再以工程总指挥的身份接受采访。

检讨上交后，深圳分公司很快与该国企结清工程款项，双方合作顺利结束，事情似乎得到了圆满的解决。

但事情远没有结束，几个月后，中国土木工程界的奥斯卡——“詹天佑奖”公布，深圳地铁一号线 3C 标段工程成功获选，获奖单位为该国企。

“詹天佑奖”是中国土木工程设立的最大奖项。该奖由中国土木工程学会、詹天佑土木工程科技发展基金会联合设立，主要目的是推动土木工程建设领域的科技创新活动，促进土木工程建设的科技进步，进一步激励土木工程界的科技与创新意识。因此，该奖又被称为建筑业的“科技创新工程奖”。

事实上，在整个 3C 标段的工程中，难度最大、技术创新最多的就是由鲁班公司承担的托换工程，如果剔除托换工程，仅凭 3C 标段一段普通的地铁施工，根本不可能获得“詹天佑奖”。

奖励科技创新，结果是挖土的人得了奖，攻坚的人却榜上无名。李国雄得到消息后，马上在公示期内向有关评审部门提出申述，提出这个奖项上应该有鲁班公司的名字！结果却是让人失望的，该国企是把整个 3C 标段的隧道建造工程包括托换工程打包申报的；该国企还拿出了当时那份检讨作为证据，说明鲁班公司是该国企下属单位，不具备单独署名权。

申述结果下来后，身边也有人跟李国雄说，不能就这么算了，该属于“鲁班”的荣誉，不管是名还是利，都应该拿回来，申述不成，还可以把对方告上法庭。但李国雄最终选择了接受事实，不再和该国企纠缠此事。他认为，作为一家民营高科技企业，鲁班公司的最终目的是企业的发展壮大，打造中国建筑界的百年老店，不能只顾一时意气，只争一时得失，正所谓“和气生财”。

所以，李国雄在鲁班公司深圳分公司成立大会上的总结发言中，特意引用苏轼的《念奴娇·赤壁怀古》中“羽扇纶巾，谈笑间，樯橹灰飞烟灭”，提醒大家，民营企业要时刻注意保护自己的无形资产，注意保护自己的业绩，并以此与全体员工共勉。

几年后，深圳地铁总公司再次邀请李国雄出马，承接深圳地铁四号线某段的桩基托换工程。在工程施工期间，李国雄意外遇见了该国企的总经理，此时他已从该国企退休，返聘到深圳地铁总公司工作。双方相逢一笑泯恩仇。据说，在鲁班公司承接这项工程中，这位曾经的总经理力挺鲁班公司。

吃亏是福，看来，还真让古语说对了。

现在托换工程在地铁建设中的使用已很少见，这一方面说明政府对地铁规划越来越合理，另一方面也说明地铁建设已从市区向郊区发展。“地铁一响，黄金万两”，当一条地铁穿越城郊荒地时，周边的房地产会乘势大涨，政府的钱袋子也就鼓了起来。政府发展公共交通没有错，但如果一味把地铁与房地产捆在一起，势必带来一系列的社会和经济问题，地铁的公共性也大打折扣。李国雄如是说。

伍

平移技术

——在城市扩建与拆除中寻找平衡

中国建筑物平移发端晚于发达国家60余年，但发展迅速，平移技术也日臻成熟，跻身世界前列。李国雄曾主持了国内首例大型建筑物平移工程，也曾创下了最重平移工程的吉尼斯世界纪录。作为中国建筑物平移技术的奠基人和开拓者，李国雄不依靠外国技术，从打桩、铺轨道，到给建筑物穿“旱冰鞋”，一次次完成了平移技术的突破性进展，真正推动了“中国平移”走向成熟和完善。2007年年底，李国雄受邀参与中国工程建设标准化协会标准《建筑物移位纠倾增层改造技术规范》的编写工作，“中华平移第一人”的称号实至名归。

一、国内首例最大的平移工程

阳春大酒店平移是广东省内首例建筑物平移工程，也是当时国内最大的平移工程。李国雄综合多年工程实践技术经验，率鲁班公司完成了建筑物平移的首次尝试。

1. 国内平移领域的空白

阳春大酒店楼高7层，对这样的建筑物实施平移，在国内业界还是空白。

1998年7月底的一天，一封来自阳春市人民政府的工程招标传真摆在了李国雄桌面——阳春市人民政府出面邀请鲁班公司参与阳春大酒店整体平移的投标。阳春大酒店楼高7层，对这样的建筑物实施平移，在国内业界还是空白。

之前，鲁班公司并没有平移的业绩，这单慕名而来、主动上门的生意证明鲁班公司“挑战建筑业世界难题，专治建筑物奇难杂症”，整治建筑物的裂、漏、沉、斜的专业技术能力，受到了广东建筑业界的肯定，鲁班公司已闯出了名堂，站稳了脚跟；同时，也证明李国雄为公司发展定下的——靠技术立足，靠口碑发展，走诚实守信的经营之道，保持独立的人格和尊严，坚决杜绝走后门拉业务，给那些“毛延寿”们献礼——经营方针初见成效。

建筑物的整体平移是指在保持房屋整体性和可用性不变的前提下，将其从原址移到新址，一般是由于旧城区改造、道路拓宽、历史性建筑保护等原因而进行的。根据其平移距离和方向的不同可以划分为横向平移、纵向平移、远距离平移、局部挪移、平移并旋转。在常人看来，将一幢千万吨的钢筋水泥结构的建筑物平移几乎是不可能的事，平移时基础怎么办，怎样才能将建筑物推走，房子移动时会不会散架，等等，其难度可想而知。

平移建筑物的确不是一件容易的事，它是建筑界的特种工程，融合了建筑结构力学、岩土工程技术、建筑材料应用等多学科技术，风险系数高，技术难度大。其基本原理与起重搬运中的重物水平移动相似，主要技术是将建筑物在某一水平面切断，使其与基础分离，变成一个可搬动的“重物”。在建筑物切断处设置托换梁，形成一个可移动托梁，在建筑物就位处设置新基础，在新旧基础间设置行走轨道梁，安装行走轨道，施加外力将建筑物沿轨道移动到新位置，就位后拆除轨道梁，将建筑物与新基础上下连接，再给予补强和加固，这样平移就完成了。

平移建筑物的技术在国外最早发端于20世纪20年代，尤其在欧美发达国家应用较多。出于对有继续使用价值或有文物价值的建筑物的珍爱，他们不惜重金运用整体平移技术将其转移到合适位置予以重新利用和保护。同时，西方发达国家对环境保护要求较高，如果将建筑物拆除，必将产生粉尘、噪音以及大量不可再生的建筑垃圾。因此，建筑物整体平移技术在发达国家已发展到相当高的水平，并有多家专业化的工程公司。我国掌握建筑物移位技术大约出现在20世纪80年代，晚国外60年左右。到1998年，国内实施的建筑物整体平移工程案例依然屈指可数，且规模不大。

作为专治建筑物“奇难杂症”的建筑专家，李国雄早就对平移工程有所关注。多年在建筑界摸爬滚打使他清楚地认识到，改革开放以来，中国正处于前所未有的大规模基础设施建设时期，发挥建筑物平移技术的作用，具有积极的社会意义和经济意义。首先，中国城镇化建设正是如火如荼，随着城市的急速扩张，因拆迁而产生的社会矛盾日益突出，充分利用平移技术，将大大缩小对民众生活和工作的影响，在一定程度上减小或避免上述矛盾。其次，我国每年拆除建筑物的面积高达上亿平方米，包括很多建成不久的大楼，大量建筑物被拆除，造成社会资源的极大浪费，而通过平移产生的费用，仅占重建的1/3～1/6，一年可节约几十亿元人民币。最后，平移技术在中国大规模城市改造中，能有效保护珍贵的历史建筑和历史文物，对于解决城市建设中继承与发展的矛盾提供了新思路。

阳春大酒店平移工程，就是因城市的扩张而引起的。

阳春市位于广东省西南部，是珠三角与粤西的交通中枢，从北京至珠海的105国道从市中心蜿蜒而过。这条阳春市最繁华的主干道，每天车轮滚滚，大小车辆川流不息，俗话说，“喇叭一响，黄金万两”，它畅通了南北物资交流，也给阳春市带来机遇和财富。可以说，105国道是阳春市澎湃的经济动脉。

随着地方经济的发展，阳春市内高楼一栋栋拔地而起，市民有了钱，买车的人也多了起来。原本让阳春人民骄傲的、宽敞的105国道似乎一夜之间变窄了，一到高峰期，人流、车流混杂在一起，半天不能动弹，交通堵塞日益严重，原有的105国道已经不能与当地高速发展的经济相适应。

为了解决“动脉”淤塞的问题，1998年，阳春市人民政府经报上级机关审批同意，对105国道原地拓宽项目正式立项，开始实施。这一拓宽不打紧，位于105国道旁的阳春大酒店主体建筑有6米正在规划拓宽的红线以内，短短的6米却意味着这栋大楼似乎难逃拆除的命运。

阳春大酒店

阳春大酒店，在阳春市人眼里是当地具有代表性的酒店，地处市中心闹市区的十字路口，交通便利，人流量大，首层的商铺生意兴隆，二层的餐饮业也是红红火火，很多人都喜欢到那里去喝早茶。这样的一个酒店说拆就拆，市民都觉得十分惋惜。然而，阳春市人民政府和市建委考虑得更多的是，倘若拆除重建，耗资约400万元人民币，并需施工两年；两年时间，商铺及几百名下岗职工的损失更是无从计算。

有没有更好的解决办法呢？此时，建筑物平移在国内正逐渐兴起，如果把大楼整体往后移动6米，问题不就迎刃而解了吗？市建委有专家提出了新的思路。

对啊，与拆掉重建相比，平移自然成本更低、更节省时间。眼下，105国道拓宽工程已经开始，如果因为阳春大酒店的问题影响工程进度，将又是一笔损失。时间就是效率，时间就是金钱，市领导很快就定了调子：将阳春大酒店向后平移6米，而且要找最优秀的公司来平移，并以最快速度上报广东省建委。

平移7层高的大楼，在阳春是第一次，在广东是第一次，在全国也是第一次。第一次，没有经验，但“冒一点风险值得”。省建委答复阳春市建委，“省建委完全支持！”上级的支持让阳春人吃了定心丸。

思路明确了，由谁来移动这栋庞然大物呢？市建委的专家查找资料，发现我国有平移案例的公司屈指可数，且平移规模都较小，时间最近的是辽宁一家公司在江苏镇江成功平移过两层厂房。像阳春大酒店这样的7层楼高的建筑，在国内平移案例还是空白。

不得已，阳春市建委再次向广东省建委求援，想通过省里了解一下，广东省内是否有掌握建筑物平移技术的企业。然而，省建委的答复并没有给他们带来太大的希望——省内没有一家企业进行过建筑物平移。但是，省建委认为鲁班公司也许有这个能力，作为广东省特种建筑行业内的顶尖高手，鲁班公司解决了很多建筑物的疑难杂症，有着其他公司难以比肩的科研能力和创新精神，最有希望完成这种富有挑战性的任务。

阳春人对鲁班公司并不陌生。一年前，也就是1997年，鲁班公司在阳春将一栋倾斜达30厘米的7层楼房扶正，在当时传为美谈。据以上信息，阳春市建委马上联系了鲁班公司和辽宁那家有过建筑物平移经验的公司，建委的想法是，最好两家公司都能投标，然后依据双方实力再作决定。为了确保万无一失，阳春市建委还为阳春酒店的平移投了保，即使平移失败，市里还能挽回一些损失。

于是，阳春市人民政府的工程招标传真就这样摆在了李国雄的桌面上。机会找上门来，李国雄对于这个充满挑战却又大有可为的新业务自然不会放过。

2. 投标——机会留给有准备的人

李国雄率鲁班公司的到来，打破了只有一家公司投标的格局。他不仅拿出了详细的施工方案和设计图纸，还从理论上、技术上做了科学的论证和解释。

首先赶到阳春市的，是辽宁的那家有平移经验的公司。作为国内最早开展平移业务的公司之一，他们拥有建筑物平移技术专利，并在不久前成功平移了江苏镇江两层厂房。来阳春的路上，公司总经理信心满满，胜券在握。据他了解，广东省还没有一家有过平移经验的企业，参加竞标的，说不定只有自己一家公司呢！

李国雄率鲁班公司的到来，打破了只有一家公司投标的格局，阳春大酒店平移的招投标波澜骤起。8月12日，阳春市成立了由副市长挂帅的阳春大酒店平移工程招投标领导小组，制定了严格的纪律，不准任何人泄露招投标的情况。

9月3日，阳春市建委会议室变成了临时考场。上午，辽宁某建筑公司的代表进场应试。他们交出的是由建设部颁发的一项有关平移技术的专利和保证平移成功的承诺，在回答专家提问时，有些关键问题，他们以保护公司专利为由拒绝回答。他们对工程报价153万元，工期3个月，还答应承担一半的保险金。

下午，李国雄带领工程技术人员一起走进了“考场”。面对专家们“连珠炮”似的提问，他们对答如流。为了这次平移工程，他们早已做足了功课。

由于鲁班公司没有做过平移工程，李国雄特意列举了公司曾经做过的与平移技术相关联的一些工程案例，如地铁托换工程、纠偏工程等等。纠偏工程的断柱顶升过程，就是要把整个建筑物的重量压到代替柱子的千斤顶上，通过操作千斤顶使整个建筑物均匀定位上升，趋向垂直状态，又在每一根柱的间隙处及时垫上夹具，同时重新加固地基，最后整个建筑物再从千斤顶上移回柱子上，稳稳坐正。这其实就是完成了平移的第一步，剩下的工作就是把这个建筑物顺着轨道移动了。

评审组的专家们仔细倾听着李国雄的介绍，频频点头。

接着，李国雄详细介绍了鲁班公司的平移方案：阳春大酒店共7层，首层为商铺，2层以上是餐饮和旅业，每层面积为532平方米，共3 665平方米，为混凝土框架结构；柱下独立基础，基础尺寸最大3 900毫米×2 900毫米、最小70毫米×1 100毫米，基础厚度800～1 100毫米，基础面埋深1.4～1.5米。李国雄说，我们的初步想法是：一要在平移工程的施工期间和完成以后，都必须保证被迁移房屋和人员的安全；二要不改变房屋的结构和使用功能，保持原有的室内净高；三要在施工期间保证2层及以上楼层照常使用；四要保证房屋平移后新旧基础的沉降差不得大于规范要求，上部结构与基础的连接稳固安全；五要建筑物保持平稳水平地向后推移6米。李国雄率鲁班公司的到来，打破了只有一家公司投标的格局。他不仅拿出了详细的施工方案和设计图纸，还从理论上、技术上做了科学的论证和解释。

这些回答深深地打动了评审组的专家们，李国雄说的正是他们想要的啊！不，甚至比他们预计的更好，剩下的问题就是价格和时间了。

“我们的报价为97.7万元，工期2个月，承担全部保险金。”李国雄还不知道，自己的报价远远低于竞争对手。

9月5日，两家公司再次答辩，竞争变得更加激烈。辽宁某建筑公司的报价降为143万元，工期也缩短到了60天。此时，李国雄的鲁班公司面对着更大的压力。为了中标，李国雄第一次报价时做过详细的成本核算，报价已经很低了，如果再降，真的就没什么钱赚了。但是，李国雄决心已定，志在必得。李国雄坚定地认为，这次的项目不仅是简单的有没有钱赚、有多少钱赚的问题，也是鲁班公司开展新业务领域的机遇，更重要的是广东的技术难题理应由广东的公司攻克。因此，在第二轮报价中，李国雄承诺将价格降到97万元；工期缩短了1/4，变成45天。

拿着两家公司的两份标书，专家评审组内部两种观点相持不下：辽宁某建筑公司以保护专利为由，没有给出具体的施工方案，没有设计图纸，报价较高，工期较长，但是有专利，有成功的平移案例；鲁班公司有施工方案，有设计图纸，报价低，工期短，但是没有平移工程的经验。两家公司孰高孰低，一时间难分伯仲。

领导小组内部的争论非常激烈，每位成员都意识到，对于广东省内的首例平移工程，投标方的报价和工期都不是主要的，最重要的是技术上的保证。面对复杂的工程，专家评审组决定慎之又慎，最后决定，两家公司再来一次答辩。

这次考核更加详细具体，面对“考官们”一个又一个问题，辽宁某建筑公司暴露了其最大的问题：他们无法提供专家评审所需要的关键技术材料。

与之相反，做足功课的李国雄对各种情况比专家组预计的都周全，他不仅拿出了详细的施工方案和设计图纸，还从理论、技术上做了科学的论证和解释。

胜利的天平开始向李国雄倾斜。1998年9月18日，鲁班公司与阳春市建委签订合同，正式接受阳春大酒店平移工程。

为了保证平移工程的质量和安全，阳春市建委联合广东省建委组织了专家对鲁班公司提出的施工方案进行了深入论证。广东省建筑界的专家和权威一时云集。9月21日，阳春大酒店平移工程论证会在省建委会议室举行，会议由省建委副总工程师关约礼主持，中国工程院院士容柏生来了，华南理工大学建筑系吴仁培主任、冯建平教授、谢尊渊教授来了，省建委原总工程师陈家辉、广州市工程勘察设计咨询公司总经理李少云博士等都来了。专家们不敢有丝毫疏忽，对鲁班公司的建议书、计算资料和施工图纸等进行了严格的审查和详细的论证，他们认为鲁班公司提供的“整体平移技术方案可行，所用技术成熟，有科学依据”，并提出了6条建议，使整个施工方案更加完善。

3. 厚积薄发，专利技术显身手

运用的虽然是成熟的专利技术，李国雄却不敢掉以轻心。浇铸完上底盘，又用千斤顶进行顶托实验。

平移阳春大酒店的准备工作千头万绪，李国雄遇到的第一个棘手的问题就是如何为楼房平移构筑一个稳固、坚实的基础，而构筑一个既安全又经济的基础则完全依赖于准确的地质资料。据当地建筑公司技术人员介绍，阳春大酒店地表下 8～10 米为黏土层，以下为密实的沙层，地质状况较好。李国雄据此在技术方案中采用造价经济而施工现场又无污染的静压预制桩。

阳春大酒店下的地质状况究竟如何？当年修建酒店时，由于受到各种限制并未进行系统的地质勘察，只是简单地开挖和插深，所以无法提供准确的地质资料。阳春市地处石灰岩地区，地质条件复杂，各种大小溶洞深藏地下，如果平移后的阳春大酒店基础在溶洞上，那么后果将不堪设想。李国雄认识到，必须有准确、有效的工程地质勘探资料作为基础设计与施工的依据。签完合同后，他就马上组织人员开始地质状况的勘探。结果果然与之前估计的情况相反，阳春大酒店地下的地质状况与图纸反映的资料不符，在原来的基础下，竟然存在大大小小 8 个溶洞。

这个意料之外的情况让李国雄惊出了一身冷汗，他马上带着公司的技术人员对阳春大酒店地基情况进行了周密的实地勘察，并根据新的地质资料对技术方案进行修订，将原来的静压预制桩改为钻孔灌制桩。虽然这种施工方式成本更高、工期长，但是为了保证平移的质量和安全，李国雄还是果断定下了新的方案。

解决了一个“基础”问题，李国雄又面临另一个新的问题。根据设计要求，阳春大酒店需要往 105 国道反方向平移 6 米，而该建筑的进深跨度也是 6 米。平移 6 米后，有两排柱恰好落在原来的基础上，一排柱需要另建新基础。也就是说，阳春大酒店平移后，有一部分在新基础上，有一部分在旧基础上，而且有一部分旧基础荷载极大。如果新基础仍然采用与旧基础荷载同类型的天然地基，荷载加大的部分旧基础不进行补强，大楼平移后的基础就会因受力不均匀出现沉降，严重时会使整个建筑物出现开裂，平移工程便将功亏一篑。

面对新的难题，李国雄组织公司技术骨干反复研究，提出了多个方案进行对比，结合多年在托换工程中总结出来的经验，最后决定采用复合基础：

利用短桩与柱下条形基础组成复合基础作为新基础；在原有柱下独立基础上增加新的支撑柱，形成复合基础来进行承载力补强。李国雄共为新旧基础上增加了52条承重桩，不但消除了基础的沉降问题，还使平移后的基础更加坚固。

“基础”问题解决了，下一步就是如何把大酒店从旧址平移到新址，这就需要在新旧址之间建立起一个能承受5 500吨重而不变形的坚固轨道。李国雄决定根据阳春大酒店的现场条件，首先在新旧址之间沿着移动路线，在地面以下原来的基础面上挖出一条1.5米的坑槽，在坑槽里浇铸轨道梁，建立一套下底盘，并在轨道梁上设有导向轮的实心钢辊棒作为滚动轴，然后在滚动轴上用钢筋水泥浇铸一个托换梁体系。托换梁体系是整个平移工程的关键，因为当托换梁下部的支撑柱与原基础分离后，该托换梁体系就会成为整个建筑物的底盘，承担全部重量；同时，它又是平移工程的上轨道。

托换技术是鲁班公司的优势，在多年的实际施工中，公司熟练掌握了一套构筑梁式、板式、拱式、桁架式底盘的完整技术，其中最常用的是托换梁结构。以往为了使托换梁与原建筑物紧密连接在一起，需要在原建筑物的支撑柱或承力梁上打孔穿钢筋，不仅对原结构造成损伤，而且由于结构截面损失少，降低了安全系数。

有没有既不损坏原建筑物结构，又能保证安全的办法呢？有，这就是鲁班公司发明的“钢筋混凝土包柱式梁托换结构”专利技术。这种技术使托换结构与原结构紧密连接在一起，而不需要在结构柱或梁上打孔，在广州地铁一号线桩基托换工程中，李国雄就成功地运用了该项技术。李国雄决定把这项技术运用到阳春大酒店的基础托换工程中。但是，在广州地铁一号线进行的只是局部托换，而这次却需要将托换梁体系与基础全部分离。李国雄把这项技术称之为“平移托换底盘技术”。

虽然运用的是成熟的专利技术，李国雄却不敢掉以轻心。浇铸完上底盘，又用千斤顶进行顶托实验，在证明了绝对安全之后，才小心翼翼地开始凿掉上下底盘之间原结构柱的混凝土，割断钢筋。48根柱，用了整整两天的时间才完成。

切割完阳春大酒店原有的结构柱后，整栋大楼的重量全部落在了底盘上，此时，只要有足够的推动力，阳春大酒店就会向前移动。但是，如何控制900多根滚轴按既定的方向有条不紊地移动，是这次平移工程的又一大难题。

虽然在建造上下底盘之间的滚动系统时，已经在滚轴两边都放置了导向轮，控制滚轴的方向，以便保证建筑物按照预定的轨道运动，但是平移需要几天的时间，期间要是真出现了台风或其他自然灾害，如何应对？为确保万无一失，李国雄又建立起了一套2米多高的“夹具系统”，左右夹住，前后顶上，确保建筑物绝不“乱走乱动”。

经过一个多月的精心准备，激动人心的时刻就要到来了。

4. 号子一喊楼让路

经过6天的紧张施工，阳春大酒店终于按照人们的意愿向后退了6米，为105国道阳春段的建设让出了一条通途。

1998年12月1日上午，阳光灿烂，阳春大酒店平移实验开始。

原来车水马龙的阳春大酒店一带气氛紧张，阳春大酒店在阳光的照射下，玲珑剔透，整栋大楼披着闪耀的金光，仿佛都凝固了。

中共阳春市委书记、市长以及主管市政工作的副市长等领导全部到场坐镇指挥，省市建委以及市公安、工商等部门各司其职，严阵以待，好奇的阳春市市民远远地翘首观望即将在阳春发生的亘古未见的奇迹。

8点30分，随着现场总指挥、总工程师李国雄的一声令下：“开始。”13部千斤顶同时启动，一下、两下……1毫米、2毫米，阳春大酒店悄无声息地向前移动起来。

没有位移、没有沉降、没有开裂，现场的水准仪、经纬仪等精密仪器没有一丝一毫的变化，技术人员从13个移动观测点采集的数据不断汇集到现场指挥部，并立即用电脑设备对各种数据进行分析。

作为广东省乃至全国史无前例的工程，阳春大酒店平移牵动着众人的心。一大批专家、教授赶往现场协助鲁班公司开展平移工作。省建委副总工程师关约礼一直坚持在现场组织协调。时年68岁高龄的中国工程院院士容柏生，前一天晚上11点刚从北京飞到广州，12月1日清晨又匆匆乘车从广州赶300公里到阳江平移现场。最紧张的还是总指挥李国雄。几天来，他每天泡在工地，亲自布置准备工作。养兵千日，用兵一时，这次平移就如一场大考，公司的实力就是在艰巨的挑战中检验提升的。

平移的距离以毫米作为单位，当偏差值达到3毫米时就要进行调整。原来的施工组织设计以每平移5厘米为一个阶段，为了更加准确、及时地对平移进行调整，李国雄根据平移中的实际情况重新做出了部署，改为每平移2厘米作为一个阶段。经过紧张的一个半小时之后，阳春大酒店向后平移了5厘米，试平移取得了初步成功。

平移实验进行得很顺利，但是正式的平移却并非一帆风顺。12月2日，当阳春大酒店平移到1米左右的时候，平移轨道突然出现了问题，滚轴没有完全按预定的方向前进，造成了阳春大酒店向一侧偏转。

发现问题的李国雄马上叫停，并紧急组织专家技术人员和工人技术骨干现场碰头，召开“诸葛亮会”，群策群力，集思广益，攻坚克难，这是鲁班公司的优良传统和一贯做法，也是公司克敌制胜的重要法宝。会议从上午9点开始，一直到下午3点多钟，终于发现，大楼“侧转”的原因主要是整栋大楼的重量不均衡，并据此制定了相应的对策进行试验。晚上6点，平移恢复正常。

建筑物平移是一项系统性的工程，平移程序一环紧扣一环，一个环节出现了问题如果不及时加以弥补，就会直接影响整个工程的进度。为了抢回因为停顿耽误的时间，12月2日，李国雄决定晚上加班施工，抢回进度！这是阳春大酒店平移过程中唯一的一次加班。就是这次加班，遇上了极为恶劣的天气。当夜，阳春市受到一股北方来的寒流的正面袭击，从西伯利亚来的寒风从下午就开始呼啸，到了晚上已经刮得让人直哆嗦了；夜晚温度骤然下降了十几度，但工地上没有一个人因此退缩，李国雄身先士卒，带头站到工地上，顶着呼啸的寒风指挥施工。

阳春大酒店平移工程前后对照
（以电线杠为参照物，平移了6米）

12月6日上午9点30分，经过6天的紧张施工，阳春大酒店终于按照人们的意愿向后退了6米，为105国道阳春段的建设让出了一条通途。

阳春大酒店平移现场一片欢腾，两支威武的南狮在紧凑的锣鼓点中，龙腾虎跃，现场爆竹声响成一片。阳春大酒店的平移成功，再次向世界证明了“鲁班”人是医治建筑物疑难杂症的“神医”。

阳春大酒店的“搬家”在社会上引起了强烈的反响，前往现场参观的人络绎不绝。一位主管基建的官员看了平移工程后懊悔不已，该市前年因扩建广场，将一幢价值2 000多万元的大楼炸掉了。他说，早知楼房可以“搬家”，就是拿出1 000万用于平移，也是划算的呀。但更多的人在暗自欣喜，阳春大酒店平移的成功，无疑给了他们一条崭新的思路。

二、平移技术的里程碑

中国建筑物平移发端晚于发达国家60余年，但发展迅速。目前，建筑物平移数量是世界其他国家建筑物平移数量的数倍，平移技术也日臻成熟，跻身世界前列。

1. 楚国的山上有只大鸟，一停3年不飞不叫

在李国雄的强力推进下，鲁班公司励精图治，开拓创新，用了将近3年的时间，在建筑物平移技术上取得了实质性的突破。

阳江大酒店平移结束后，在全国建筑界引起了很大轰动；然而，在接下来的3年中，鲁班公司没有再做一件平移工程。

平移是技术密集型的工程，鲁班公司是民营高科技企业，李国雄早已对平移在中国城市改造的地位和作用有着清醒的认识，加上阳春大酒店产生的巨大广告效应。按常理，平移应该成为鲁班公司新的业务增长点，鲁班公司却一停3年没有接平移工程，这是为什么呢？

是没有订单吗？不是，中国正处于城镇化的快速发展阶段，全国大中城市急速扩张，建筑物平移市场巨大，阳春大酒店的成功平移案例使鲁班公司在业界闻名，很多单位慕名找到鲁班公司。

是鲁班公司不愿做吗？也不是，无论什么公司什么企业，哪有把上门的

生意拒之门外的?

那是为什么呢?李国雄讲了一个故事。春秋时期,楚成王的孙子侣缕——楚庄王,继承王位后,整天吃喝玩乐,花天酒地。大臣伍举去见庄王说:“楚国山上,有只大鸟;一停三年,不飞不叫。这是只什么鸟?”庄王回答说:“三年不飞,一飞冲天;三年不鸣,一鸣惊人。”后来庄王果然全面改革,励精图治,当年就灭了庸国,隔一年打败宋国,再隔一年又讨伐陆浑的少数民族,直打到洛阳,陈兵向周天子示威。楚庄王一鸣惊人,成为春秋五霸之一。

“鲁班”3年没接平移工程,是集中精力搞科技攻关。

阳春大酒店平移工程成功,鲁班公司吃下了平移工程的第一只螃蟹,但这次平移是鲁班公司对之前地铁托换、纠偏等工程所积累技术和经验的一次综合运用,是对建筑物平移的初步探索和试验,在技术上没有太大突破,并且对大楼只移动了6米。而后来请鲁班公司做的平移工程各种各样,有距离很远的、有中途转弯的、有平移旋转的等等,由于技术上没有突破,鲁班公司的平移方案中存在成本高、时间长等瑕疵,在预算上和工期上与客户的要求还有一段距离。技术上的突破与革新迫在眉睫!

让李国雄觉得紧迫的还不仅如此。改革开放以来,随着经济的迅猛发展,中国城镇化进程开始提速。在这个过程中,不少地方政府片面追求GDP,在城市建设中缺乏长远规划,朝令夕改,很多建筑物刚刚建好不久,就因为规划的更改被拆除;重复建设现象严重,一些有重要文物价值的历史建筑也被野蛮拆除,取代它们的是一些建筑图纸几乎一模一样,毫无建筑特色、毫无文化内涵的“政绩工程”“形象工程”“面子工程”,这样发展下去,中国将千城一面。建筑是彰显中国数千年文明的重要物质载体和文化记忆,而在朝着现代化目标高速奔跑的时候,这些宝贵的物质载体和文化记忆却渐渐遗失了!

20世纪90年代末,全国大小城市刮起了一股轰轰烈烈的“广场风”,城市修广场,搞标志性建筑,一味贪大求洋,互相攀比,劳民伤财。李国雄曾亲见一例广东某县级市在“广场风”中拍脑袋的决定:该市在新建市政府大楼前,修建了占地数万平方米的市政广场,数根20多米高雄伟的罗马风格大理石柱,在政府大楼前面呈半弧形展开,长度达80多米,好像是面对广场张开双臂,可谓雄伟壮观。可是,广场刚修好不久,有风水师说,这种造型像坟墓,不吉利。当地领导听之信之,赶紧请风水师想办法化解,最后决定把这些石柱平移反转 180 度，使之成内弧形。他们找到鲁班公司，直言钱不是问题，唯一的要求就是要在春节前完工，好让领导过年有个好心情。于是，能修建一所希望小学的国家财政，就这样白白地给浪费了。

有楼盖，有房拆，有钱圈，一些建筑商迎合某些地方政府的做法，积极参与，乐在其中。在城市改造这场狂欢盛宴中，他们成了既得利益者，从中分得了一杯羹，昨天还洗脚上田，今天就开奔驰宝马，住进豪宅别墅。但在李国雄看来，这样做无疑是让人痛心疾首的巨大浪费。既然无法左右制度和政策的制定，不能从源头上杜绝这种浪费，那就通过技术创新与突破，为国家多挽回一些损失、减少一些浪费。这充分表现了李国雄书生意气的济世情怀与铁肩担道义的士大夫精神。

哲学是一门思考的学科，无论是一个人或是一个企业每时每刻都会遇到不同的问题；而一个问题的解决看似简单，其实就是理论到实践的过程。在这个过程中，思维起决定性作用，决定了事物的发展趋势；有怎样的世界观就决定了怎样的人生，决定了企业的发展前景如何。也就是说，老板的心胸有多广阔，企业的发展前景就有多大。

在这种理念的指导下，李国雄从公司抽调精干技术力量，成立建筑物平移科技创新攻关小组，明确提出要实现建筑物平移的工具化、自动化、程序化，使建筑物的平移成本为拆迁重建成本的 1/4 ～ 1/2 之间，实现建筑物平移工程的短工期、低造价，让平移技术具有推广价值，让更多的人选择平移，用科技减少浪费和损失。在李国雄的强力推进下，鲁班公司励精图治，开拓创新，用了将近 3 年的时间，在建筑物平移技术上取得了实质性的突破。

楚国的山上，有只大鸟，一停 3 年，不飞不叫。经过励精图治，开拓创新，鲁班公司等待一飞冲天、一鸣惊人时机的到来。而中山市自来水厂商住楼的平移工程正是对鲁班公司科研攻关成果的检验和见证。

2. 挑战平移技术的世界难题

一项新技术， 如果成本太高， 就不具备推广价值， 就没有生命力， 也就不可能成为公司业务新的增长点， 不可能发挥更广泛的社会意义。

改革开放后，中山市——这一全国唯一以伟人名字命名的地级市——步入了属于自己的黄金时代，城市面貌日新月异，高楼拔地而起、公路四通八达。然而，塞车、拆迁、“拉链路”等城市病也随之而来。

1999年，中山市最繁华的主干道莲塘路由于不适应城市发展的需要，开始动工拓宽。道路两旁的建筑物都需要拆迁，毗邻莲塘路的中山市自来水厂商住楼也在拆迁之列。当时，建筑物平移渐渐为人们所熟知和接受，为了最大限度地减小损失、节约成本，作为中山市公用事业局的下属单位，自来水厂希望通过对本厂商住楼实施平移，以减小损失、耗时更短的方案代替拆迁方案。自来水厂通过市公用事业局，很快将申请平移的报告递交中山市建委，建委经过论证，认为可行，并着手物色合适的公司。

2000年7月，广东省建设厅组织业内专家到中山市作“广东省建筑界10项新技术”的报告。10项新技术两项由鲁班公司研发，其一就是建筑物整体平移技术。这一新技术就是鲁班公司自阳春大酒店平移后，埋头科技攻关的成果，并于不久前，在中山市中山公园改建中对题有孙中山先生手书“天下为公”的牌坊成功平移44米，效果很好。这项新技术，引起了中山市建委有关领导的极大兴趣，因为他们正苦于难以物色一家有足够实力承担自来水厂商住楼平移工程的公司。

经过广东省建设厅的引见，中山市建委正式与鲁班公司接触。同时，中山市公用事业局派人专程赴阳春市了解阳春大酒店平移工程有关事宜。经过多方了解和反复论证，大家一致认可，中山市自来水厂商住楼整体平移工程，鲁班公司是最适合的单位。

社会的肯定，是对企业最好的褒奖，也是对企业创新发展的最大鞭策。接到邀请后，李国雄马上带领技术人员赶到了中山市，对大楼平移实施条件进行实地勘测。中山市位于珠三角中南部、珠江出海口西岸，地表河网纵横交错、地下淤泥层层堆积。珠江出海时水流速度因季节不同而变化：夏季丰水期，河水流速快，沉积下的沙石颗粒大；冬季枯水期，水流速度慢，在同一个地方，细小的沙石沉积下来，千百年来，珠江水带来的泥沙层层沉积，使中山市地基20米以下都是由软土组成。

中山市自来水厂商住楼高7层，重量大，原桩很深，一直打到岩层里。平移时必须先把分布不均匀的桩与基础分离，如果与新落脚点衔接不好，建筑物的支撑柱就会陷入淤泥，就像武侠小说里侠客在跳梅花桩时错脚跌下一样，只是人跌下梅花桩还能爬起来，而建筑物与桩基错位，立足不稳，整座楼就会发生撕裂、垮塌。

与之相比，两年前李国雄主持的阳春大酒店平移从技术层面上讲，难度就小很多。阳春大酒店地表下 8 ～ 10 米全为黏土层，以下为密实的沙层，地下虽有空洞，但总体地质状况较好，承载性强，且平移距离仅有 6 米，所以当时做的钢筋混凝土基础非常牢固，就像在一个刚性的平板上把建筑物推过去一样。不过，当时是李国雄第一次主持建筑物平移工程，是鲁班公司对建筑物平移进行的初步探索。这次自来水厂商住楼的平移要求是，直线平移 47 米、横向平移 12 米，要在如此软的地基上，沿“L”形路线，将大楼平移 59 米，其难度世界罕见。这就要求李国雄必须拿出一套更为科学、有效的施工方案。多年后，李国雄坦言，中山市自来水厂商住楼的平移，是鲁班公司承担过的所有平移工程中技术难度最高的项目之一，甚至超过广州市锦纶会馆平移工程，只是锦纶会馆知名度高、社会影响大。

知易行难。正是因为难，中山市建委才找到李国雄；正是因为难，才更加激起“鲁班人”的创业热情。经过分析，李国雄和他的技术团队认为，此次平移距离长，中间还要转弯，平移施工过程中建筑物容易发生变形、破坏整体结构，但这还不是核心难点。最难的还是软基础带来的一系列问题：自来水厂商住楼的桩柱穿透淤泥层，深深打入地下岩石，如何在平移前断桩的过程中保持大楼的稳定，如何将大楼推下硬基础并在软基础上“行走”59 米，还要转个身，然后再将大楼推上新做好的硬基础。

在工程方案论证之初，中山市建委为安全起见，曾建议李国雄按照阳春大酒店平移的方案，在平移路线上一路打桩做基础，再在桩上做一个大底盘，将大楼全部托住，这样平移过程中就能规避软基础的问题，并提出可以在原 80 万元工程造价的基础上增加工程款。这是一个平稳安全的方案，也是一个两全其美的方案；但出人意料的是，李国雄斟酌再三，婉言谢绝了。

鲁班公司作为施工方，竟然拒绝了提高工程造价和工程安全度的机会，这在很多人看来简直是不可思议的事情。但李国雄不是心血来潮，更不是突发奇想。在他看来，一项新技术，如果成本太高，就不具备推广价值，就没有生命力，也就不可能成为公司业务新的增长点，不可能发挥更广泛的社会意义。鲁班公司埋头 3 年进行平移技术攻关，就是要通过科技创新，实现建筑物平移的工具化、自动化、程序化，降低平移成本，缩短工期，让平移技术成为更多人的选择，从而发挥平移技术在中国城镇化进程中的作用，减少拆迁对社会资源的浪费，减轻拆迁带来的社会负面效应。如果还用老办法解决问题，鲁班公司 3 年的辛苦岂不白费？

3. 铁轨替代桩基

农历大年三十，合同规定工程工期的最后一天。李国雄和技术人员、工人们一起，在工地上端着搪瓷碗，吃着简单的“团圆饭”。

双方很快签订了合同，工期为两个月。

如何将高7层、重数千吨的建筑物，在软土层上不打桩，沿“L”形路线平移59米呢?

李国雄想了一个别人从未想过的办法：铺轨道!

他派人从广州铁路局租来铺设铁路用的枕木和钢轨，在设计好的平移路线上一路铺过去。

坐过火车的人都知道，列车“咔嗒、咔嗒”声就是因为在经过两根钢轨之间接口时产生的震动而发出，7层大楼比火车又重了数百倍，这种震动也会相应放大几十倍、上百倍。铁轨能托住比列车重数百倍的大楼吗?

当然能，鲁班公司研制出了包括飞碟式承台等一系列关于平移的先进技术，就等在这场平移中一试身手。这套技术最大限度地实现了平移的工具化、自动化、程序化，与传统平移技术相比，重要工具都可重复使用，具有巨大的经济优势。比如，传统的平移技术，要在建筑物通过的地方沿途打桩，而现在使用完的枕木和铁轨拆卸下来，还给铁路局，再用再租。

平移工程对每个环节都要求精益求精，正所谓“差（失）之毫厘，谬以千里”。为了避免任何疏漏，确保平移的万无一失，在实施平移前，李国雄带领鲁班公司的技术人员，对各小组工作进行认真检查，督促落实：加固大楼，确保建筑物在移动之中的稳固；设置新基础，除满足一般基础的设计要求外，还要达到随整体移动荷载的标准；安装移动轨道和滚动支座，轨道必须保持水平以减少摩擦力，基础必须坚实以保证平移时对大楼的支撑；设置牵引支座，牵引支座、千斤顶、钢丝绳和牵引环组成牵移建筑物的动力系统，牵引支座的数量必须经过精确计算确定；通过行进标尺、移动显示指示针和终点限位装置等监测系统，对平移进行精密的监控……

时间一天天过去，经过紧锣密鼓、紧张有序的准备，就在离工期结束仅剩6天的时候，李国雄终于宣布：“开始平移!”

在李国雄的指挥下，施工技术人员着手将中山市自来水厂商住楼的原基础与桩柱逐次分离，在原建筑物圈梁下开洞，洞内安设千斤顶，用千斤顶将建筑物顶升移上飞碟式承台；然后，前牵后推，大楼沿着铺设好的铁轨，开始缓缓移动。随着铁轨枕木在软基自然土中的沉降，建筑物上下波动明显，在场的人都捏了一把汗，担心如此剧烈的波动会超出建筑物的承受，导致墙体的撕裂垮塌。但李国雄胸有成竹，他对鲁班公司的新技术充满了信心。大楼尽管在上下波动，但本身结构没有发生丝毫破坏，鲁班公司成功攻克建筑物平移工程中震动对建筑物本身的影响，这种进步就像是普通列车发展到了高铁时代，是全面的创新和突破。

被平移的中山市自来水厂商住楼与旁边的楼擦肩而过

中山市自来水厂商住楼后面有一幢民居，紧紧靠近大楼的平移路线，最近处仅有两厘米距离。一幢7层高的庞然大物摇摇晃晃着与矮小的民居擦肩而过，惊险一幕引来围观群众的阵阵惊呼。

2001年1月23日，农历大年三十，合同规定工程工期的最后一天。李国雄和技术人员、工人们一起，在工地上端着搪瓷碗，吃着简单的“团圆饭”。年夜饭后，中山市自来水厂商住楼平移开始最后冲刺，大楼平稳移动到预定的目的地，工人们迅速将轨道和拖车用模板封闭，然后浇筑混凝土接墙基，预留出回收拖车和轨道的孔洞，用火焊切割拖车上方的垫条，将拖车与轨道回收，最后将所有空间充填严实。

中山市自来水厂商住楼平移，采用了国内首创、鲁班公司的专利技术——飞碟式承台，即可拆卸式的碟形钢及混凝土组合结构转换受力承台。它具有自锁功能，可保证在受力时结构安全，并对原柱的结构没有任何损害，具有通用性、重复使用性等特点。此转换承台在华南理工大学结构试验室做实样试验，达到了每个碟超过400吨的承载力，比这一工程最大的柱轴力200吨大了1倍。直到现在，飞碟式承台都是鲁班公司的核心专利技术。钢结构平移体系也大显身手，其主要构件为：上下轨道用型钢（槽钢）制作，在上轨道间增加拉压杆以构成平面桁架，在混凝土柱子与上轨道底盘之间加上撑杆形成空间桁架结构，从而达到加强结构整体性的目的，型钢可以回收重复使用。中山市自来水厂商住楼平移成功，对于李国雄和鲁班公司而言，具有里程碑的意义，它表明鲁班公司的平移技术实现了工具化、机械化、高密度、高精度、信息化，标志着鲁班公司在平移施工工艺上实现了新的突破，有了质的飞跃。

1998年，鲁班公司在平移阳春大酒店时是直线平移6米，耗时6天；而中山市自来水厂商住楼平移工程是“L”形59米，也是耗时6天，时间大大缩短，成本大幅下降。

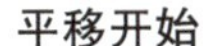
平移开始

纵向平移47米到位

横向平移12米

中山市自来水厂商住楼平移前后对照（该楼是鲁班公司首次在软土浅基础上实施的平移旋转工程；楼高6层，直线平移47米，横向平移12米，即沿着“L”行路线平移59米）

中山市自来水厂商住楼的平移工程是鲁班公司在平移技术领域的里程碑，在这块里程碑面前，李国雄却保持了沉默，他谢绝了媒体的宣传，也没有撰写学术论文。在知识产权屡屡被侵犯的情况下，为了避免核心技术泄密，为了主动维护公司利益，为了让鲁班公司这只羽翼渐丰的雏鸟成长为一只强健有力、能在市场的风浪里搏击的雄鹰，这是一种不得已的选择。

三、中华平移第一人

从"铺轨道"到给大楼穿上"旱冰鞋"，广西梧州福港楼平移工程不仅在平移技术上有了新突破，还创下了最重平移工程的吉尼斯世界纪录，李国雄"中华平移第一人"也实至名归。

1. 问鼎吉尼斯

第二天，各大媒体报道本次盛会的时候，不约而同地给李国雄取了一个响当当的名号——中华平移第一人！

2005年1月17日，北京，中华世纪坛灯光璀璨，第四届吉尼斯世界纪录（中国）颁证典礼正在这里举行。近千名来自世界各地的观众聚集一堂，数十家媒体的照相机、摄像机齐齐对准主席台，他们一起见证令人赞叹的又一吉尼斯世界纪录的诞生。

李国雄在第四届吉尼斯世界纪录（中国）颁证典礼上接受证书（广西梧州福港楼平移因其最重，问鼎吉尼斯世界纪录）

来自英国吉尼斯总部的纪录审核官弗里加迪先生，代表吉尼斯总部上台宣读新的世界纪录，并为创纪录的单位及代表颁发吉尼斯世界纪录证书。

第一张证书颁给了世界海拔最高、线路最长的高原铁路——青藏铁路，这是中国国力增强、科技进步的缩影；接着上台的是世界上最长的家谱——孔子家谱和世界最奇特的女性专用文字——湖南江永女书，这两项纪录向世界展示了中华文化的源远流长。

台下，观众的热情被一次次点燃，大家为新的世界纪录的诞生欢呼、鼓掌。

GUINNESS WORLD RECORDS

CERTIFICATE

The heaviest building moved intact is the Fu Gang Building at West Bank Road Wuzhou, in the Guangxi Province of China. It was successfully relocated by the Guangzhou Luban Corporation on 10 November 2004

GUINNESS WORLD RECORDS LTD

吉尼斯世界纪录证书

“下面，要宣布的是，反映了当代工程等领域所取得的突出成就的世界最重的平移工程——来自广州鲁班公司的‘广西梧州福港楼平移工程’！”主持人大声宣布了最后一项纪录，并邀请鲁班公司总经理李国雄上台领取证书。

福港楼自重 14 800 吨，算上附属设施，重达 15 140 吨。如此重物，世界无平移先例。这意味着，鲁班公司创造了新的世界纪录。

从主持人口中听到自己公司的名字，还是让见过不少大场面的李国雄有些紧张。他深深吸了口气，拉了拉领带，整了整西服，平复了一下激动的情绪，微笑着走上主席台，从弗里加迪先生手中接过吉尼斯世界纪录证书和纪念杯，并在观众的欢呼声中将这份沉甸甸的荣誉高高举过了头顶。刹那间，镁光灯亮成一片，李国雄知道，自己和鲁班公司终于登上了世界建筑界的巅峰！

“恭喜恭喜，李先生，对于此次获得吉尼斯世界纪录，您有什么要对大家说的吗？”主持人将李国雄领到了舞台中央，现场安静下来，所有的目光都聚集到了李国雄的身上。

“谢谢，谢谢吉尼斯世界纪录总部对我们的认可，谢谢大家对鲁班公司的支持，对中国建筑人的支持。”李国雄看了看手中沉甸甸的奖杯和证书，接着说，“建筑物整体移动技术在如今已经很普遍了，它不仅能够妥善安置那些要为经济发展‘让路’的历史文化遗产，还能将处在洪水威胁区域的建筑迁移到安全地带，有很广的应用范围。这项技术于 20 世纪 20 年代发端于发达国家，不得不承认，由于我们对建筑物保护意识的欠缺，我国掌握建筑物移位技术相对较晚，大约是在 20 世纪 80 年代，比西方国家晚了 60 年，但发展迅速。至目前为止，国外开展的建筑物平移数量是 30 余栋，中国已经超过 100 栋，而且技术成熟，在世界处于领先地位。今天在这里我要骄傲地说，我们的中国建筑不落后于任何人！”说到动情处，李国雄再次把证书高高举过头顶，台下掌声雷动……

在巨大的光晕下，李国雄仿佛看到了吴仁培、冯建平、谷伟平、李小波等人，仿佛看到了鲁班公司和他一起奋斗的所有人。

不由李国雄不激动，纵观世界建筑物平移史，站在顶端并长期牢牢把握着专利技术的，一直是外国人。在此之前，世界吉尼斯纪录是1974年10月6日哥伦比亚波哥大市库特考姆大厦的平移工程，那幢楼高8层，整体重量7 700吨。排名后几位的分别是：2001年美国新泽西州纽瓦克国际机场51号重达7 400吨的建筑物平移工程，1999年美国北卡罗来纳州外滩群岛重4 830吨的哈特勒斯角灯塔平移工程，以及2000年美国圣何塞市重达4 816吨的蒙哥马利酒店整体平移工程，中国人完全连边都靠不上。

当1998年，李国雄开始介入建筑物平移工程的时候，国内几乎还是一片空白，由于国外专利技术保护严密，鲁班公司在平移技术领域内一切都要从零开始，一切都要靠自己一点一点地摸索。7年时间过去了，他们用这7年时间走完了国外用60年走完的路，这里面凝聚了大家的多少辛苦和汗水、多少奉献与付出。

当时李国雄还无法预料到，这项由鲁班公司代表中国建筑人创造的世界纪录会被长期保留，直至今日还无人打破！

第二天，各大媒体报道本次盛会的时候，不约而同地给李国雄取了一个响当当的名号——中华平移第一人！

2. 市场破解官僚主义，竞争推动科技进步

经过对3家公司方案的反复比较，鲁班公司的方案报价最低，操作性最强，技术含量最高，安全系数最大，福港楼的业主们一致把赞成票投给了鲁班公司。

广西梧州，位于粤桂两省交界，扼桂江、浔江和西江汇合处，是广西最大的内河港口，往东下航可达广州、香港、澳门；溯浔江西上可通南宁、百色、柳州；沿桂江北上可至桂林。水文条件优越，长期以来都是华南地区重要的航运枢纽，素有广西“东大门”和“水上门户”之称。

改革开放后，梧州经济发展迅速，原本就忙碌的码头渐渐不堪重负，泊位不够的现象日益突出。2004年，为了彻底改善这一现象，提高港口吞吐能力，梧州市人民政府以极大的魄力开始了港口扩建及改造，这一举措，得到了梧州市民的赞赏。

但几家欢喜几家愁，当梧州无数因水而发、靠水而生的市民为即将扩建

改造的梧州港而高兴的时候，西江河畔西堤路上福港楼的数百名业主和住户却陷入了深深的忧虑。

9 层高的福港楼建于 2002 年，建筑面积约 8 330 平方米，楼高达 34 米，楼重 1.48 万多吨，楼龄新，且拥有全市最好的酒楼，在当时的梧州市来说，应该算得上是最高档的商住楼了。除首层及其首层的夹层为大酒店外，福港楼楼上 8 层住了 72 家房客共 300 多人；他们很多人刚刚搬入新居不到半年时间，为了新家投入了大量的金钱和精力。谁能料到，踏实的日子没过上几天，新家却要面临被拆掉的窘境。

历史上，梧州曾归广东管辖，抗日战争期间，很多广东人为躲避战乱，涌向梧州并在此定居。至今，粤语在当地仍十分普遍，很多人订阅了《羊城晚报》，为梧州赢来“小广州”美名。破家值万贯，当很多业主为此愁眉不展的时候，鲁班公司的平移成功案例，特别是锦纶会馆的成功平移，通过广东发达的媒体，传到了梧州。

福港楼是一栋普通的商住两用大楼，不属于任何单位。福港楼的业主们开始聚集起来，讨论大楼平移的可行性。最后经过全体业主同意，委托有关部门测算得出结论，用平移的方法将大楼整体移出政府画下红线范围的费用，要比搬迁节省一半多。此时，政府也在讨论平移的可行性，因为拆迁补贴成本更是巨大。

平移——成了保全福港楼的唯一选择。

平移——成了政府和业主们共同的选择。

平移，最重要的是要保证安全。哪家公司在平移工程领域工程质量最好、安全系数最高，而又物美价廉呢？

货比三家，优劣自现。经业主们同意，在梧州市建委的主导下，有 3 家公司参与竞标，其中包括鲁班公司。而鲁班公司以其丰富的建筑物平移经验和百分百的成功率，成为大家的首选。

“大笨象，这栋楼简直就是头大笨象！”李国雄接到邀请，迅速率技术人员赶赴梧州，实地考察过福港楼后，李国雄说。

鲁班公司承担的以往历次平移工程中，楼高没有超过 8 层、重量也不超过 1 万吨；而福港楼不算夹层还有 9 层，楼高 34 米，建筑面积约 8 330 平方米，大楼自重 14 800 吨，算上里面的附属构建、设施，总重量达到了惊人的 15 140 吨。这么重的建筑，在世界范围内还没有成功平移的先例。这也就意味着，只要李国雄接手该项目并成功完成，他就将创造新的世界纪录。

创世界纪录的不仅是重量，还有难度。当年福港楼修建的时候，由于所处地块的特殊地质条件，因地就形，造成了大楼与普通建筑物相比有几个特点：基础为浅基础；浅基础埋深不统一；支撑柱布置混乱，不在同一水平线及轴线上；荷载大，柱与柱之间内力变化大。

按照大楼将搬到的新的地址，福港楼平移工程需沿该楼西北方向平移35.62米，平移到位后还要往西南方向旋转2.8度。如此超重、超高、超大、超远的浅基础平移旋转工程，堪称世界第一难度的平移旋转工程。更具挑战性的是，根据福港楼业主们的意见，平移工程工期必须在100天以内，且大楼搬迁过程中楼上的300多酒楼员工、住客全部还需像平时一样生活与工作！

刚到梧州，李国雄对这个被称为“小广州”的城市充满了亲切之感，满大街都能听到熟悉的粤语，随处都可以买到一份《羊城晚报》，但这种亲切的感觉很快就被内地的官僚作风带来的不快取代。在李国雄看来，尽管梧州紧邻广东，有很多地方与广州相似，但毕竟和改革开放前沿阵地还有一段距离，人们的认识观念和办事作风与广东更有着天壤之别，地方保护主义也非常严重，相关政府部门甚至从中作梗，希望通过行政干预将这项平移工程给当地一家建筑企业做。但福港楼平移难度巨大，李国雄相信，凭着鲁班公司在平移领域的7项专利技术和在业界良好的口碑，这项工程非“鲁班”莫属。

经过对3家公司方案的反复比较，鲁班公司的方案报价最低，操作性最强，技术含量最高，安全系数最大，福港楼的业主们一致把赞成票投给了鲁班公司。

面对新的挑战，面对创造世界纪录的机会，致力于“挑战建筑业世界难题，专治建筑物奇难杂症”的李国雄和“鲁班人”再一次靠口碑赢得了市场，靠科技赢得了竞争。

3. “大笨象”跳起华尔兹

福港楼平移创造了当时国内建筑物平移史“楼层最高、面积最大、重量最重”三项纪录。

工程大计，质量为本。鲁班公司靠实力接下了福港楼平移工程，但李国雄没有掉以轻心；相反，自从拿到福港楼平移工程的前期勘探资料后，他就一直没有停止过思考。大楼基础为浅基础，这就意味着在平移过程中，原基础的变形程度会比较大，所以施工时要充分考虑大楼基础的沉降差问题。原浅基础埋深不统一，导致新做的托换承台标高不一致，在断柱的时候施工空间极小，有的只有20厘米高，施工人员根本无法进入，只能伸手进去断柱；因柱布置混乱不在同一水平线及轴线上，需要施工多条托换梁来承托不同位置的柱子，而不能像柱布置有规则的建筑物那样，一条托换梁就可连接同一水平线上的柱。

针对这些问题，李国雄决定用公司最精干的队伍、最先进的设备、最可靠的技术给予解决。他们决定给大楼装上条状的滚柱，像给大笨象穿上溜冰鞋。与中山市自来水厂商住楼平移的铺轨道相比，这一做法是鲁班公司在平移技术里的又一新创举。

福港楼平移工程按合同约定的工期是100天，但由于现场自来水管搬迁，鲁班公司的人入了场却不能施工，耽误了开工时间。鲁班公司的工程指挥去找工程指挥部交涉，却被告知：为了保障大楼平移期间的居民用水，这些工作必须在平移前开展；至于工期的问题，只能拜托鲁班公司施工时加快点进度了。

李国雄（左一）和工友们在施工现场研讨平移的技术问题

外行看热闹，内行看门道。社会上很多人看到的都是李国雄和鲁班公司的成功，却看不到在成功背后有过多少付出，也看不到在通往成功的道路上有多少危险和意外。建筑物平移，不是像摆积木那样，搬起来，挪过去，放下就行，而是一个需要前期勘探、托换平台制作、上下轨道制作、铺设、实际搬迁等一系列具体工作的系统性工程，一个环节出了问题，那就会造成不可估量的后果。

“不要着急，保持冷静！”李国雄告诫自己，他知道工程不可能都是一帆风顺的，长期的工程实践已经让他养成了冷静面对的习惯。李国雄分析，目前，施工进度已经延误，如果再按常规的施工进度和施工技术，肯定不能按时完成合同。为了赶上进度，只能利用技术、人力、物力等多方面优势，在当地建委、质检、监理等部门的大力配合下，采用24小时开工，加大设备、人力投入量，提高混凝土标号及混凝土、技术等一系列措施，优化施工方案，加快施工速度。

通过多方协调，在相关部门的大力配合下，鲁班公司仅用40多天就完成了按常规施工需要3个多月才能完成的平移启动前的所有工作，包括托换梁及托换承台制作、上下轨道梁制作、轨道铺设、断柱等，同时还将预计的施工成本降低了30%左右。

万事俱备，只欠东风。在确认前期准备工作已经全部到位后，工程指挥部决定，平移施工将在10月30日准时启动。

2004年10月30日上午9点，随着李国雄的一声命令，福港楼平移施工正式开始。

在巨大的机器轰鸣声中，工程技术人员操纵工程锯和液压钳，将福港楼底部的原有支撑桩柱依次截断，整个大楼的全部荷载转移到多条前期已经浇筑成型的钢筋水泥托换梁上，完成了这一步骤，就相当于福港楼变成了一包重达15 000多吨的货物，并且已经装上了车。在福港楼的平移工程中，这辆“车”就是鲁班公司制作的托换平台和新基础，而“车”的动力则来自数十台千斤顶，剩下的工作就是把“车”开到预定位置去。

通过多次的平移工程实践，李国雄对于建筑物平移已经有了一套成熟的技术和完整的操作流程。整个平移系统由4套体系组成，一是包括转换结构

广西梧州福港楼平移工程

（该楼高9层34米，建筑面积8 330平方米，重达1.48万多吨）

在内的上轨道体系，二是包括基础在内的下轨道体系，三是动力体系，四是移动时的监测体系（包括沉降监测、倾斜监测、移动监测、力学监测及裂缝变形监测）。

整栋楼房在四套体系的统一启动下按计划平稳地移动，“鲁班人”运用公司的专利技术和装置，采用千斤顶做动力，沿着铺设好的轨道，一级一级地推动这只“大笨象”往前走；负责监测包括沉降、倾斜、移动、力学及裂缝变形的整个监测体系，则一直全程充当“保镖”。只用了10天时间，“大笨象”几乎走完了35米的路程。

最艰难也是最精彩的是最后两天的施工。由于原地旋转2.8度是前所未有的新课题。涉及建筑物的几何形心、重心以及刚度中心等一系列技术问题，如这“三心”稍不协调，楼房上部的扭转力太猛，就可能导致建筑物的扭裂以至全楼的倒塌！李国雄采用前所未有的“边旋转边平移”的做法，小心翼翼地、一点一点地又旋转又平移。在李国雄的指挥下，福港楼这头“大笨象”似乎跳起了优美的华尔兹，优雅地踱着小步、转着圈。这一“经典”的场面看得当地的工程技术人员“心惊胆战”，要知道，上面有300多人在如常生活和工作啊！

俗话说，艺高人胆大，李国雄之所以敢采用这么高难度的做法，是因为他知道，自己和鲁班公司采用的是最合理的方案和技术。在前期准备工作准确而细致的前提下，自己的施工没有失败的理由！

2004年11月11日凌晨3时，福港楼平移工程现场的全体工程技术人员以及观看的当地政府官员、技术人员爆发出热烈的掌声和欢呼声，整栋大楼在上面住户的不知不觉中，到最后一刻，准确、安全地一步到位，稳稳地坐落到目标位置上，整个平移过程中居民们正常生活，且水电、排污一切正常。

福港楼平移创造了当时国内建筑物平移史“楼层最高、面积最大、重量最重”三项纪录。

2010年底，李国雄受邀代表鲁班公司参与中华人民共和国行业标准《灾损建（构）筑物处理技术规范》的编写工作，该规范于2011年12月1日起在全国执行。

陆

文物保护

——留住珍贵的历史记忆

文物，代表着人类珍贵的历史记忆，因为其不可再生性具有不可估量的价值。主持过多项文物保护工程的李国雄，不仅是珍贵文物的见证者，更是珍贵文物保护的参与者。从历时数月、轰动一时的锦纶会馆平移、芳村德国教堂平移，到不为人知但意义重大的保护岭南奇石、挖掘『岭南第一简』，李国雄和鲁班公司对于文物保护的实践与创新，为城镇化进程与文物保护矛盾问题的妥善解决开创了一条新路子，也为今后现代化城市中的地上文物保护工作增添了宝贵经验。

一、锦纶会馆的整体移位与修缮

锦纶会馆平移是国内甚至世界建筑物平移案例中难度最大的工程之一，它将建筑物平移技术推到了一个新的高度，为古建筑的保护开辟了新的思路。

1. 平移，让路

专家们最后一致同意，采用整体移位方案，并由鲁班公司根据专家意见制订具体平移设计方案和施工组织方案。

锦纶会馆建于清代雍正元年（1723 年），是广州唯一保留下来的丝织行业会馆。它的存在反映了广州市包括丝织业在内的工商业的繁荣和发展，更见证了广州市丝织业发展从明清的鼎盛至后来的式微轨迹，是广州市现存的海上丝绸之路的历史遗物。由于重要的历史价值，其 1997 年被市政府评为第五批文物保护单位。

然而，到 20 世纪末期，有着近 300 年历史的锦纶会馆却面临被拆的厄运。

1999 年，在广州“三年一中变”工程的实施过程中，广州市人民政府拟在老城区西关建一条南北向、40 米宽的城市干道——康王路，以适应城市急速扩张的发展要求。康王路从东风西路起，穿越西华路、中山七路、下九路等与人民桥相接，要打通这条路，需要拆除老城区一大片老房子，锦纶会馆适在其中。

当时全国第九届运动会即将在广州召开，市委、市政府将康王路定为“九运会”的献礼工程，大量拆迁工作提前完成，前后的马路都已经建好，因为锦纶会馆“拦路”，康王路工程无法进行，一拖就是 8 个多月。锦纶会馆该何去何从，能否保留，如何保留？媒体趁势介入，一时成为社会关注的焦点。

锦纶会馆于雍正元年建成后，曾于乾隆二十五年（1760 年）和嘉庆二年（1797 年）两次重修，至道光五年（1825 年）又添建后座和西厅，终成一座三进三路的砖木结构宗祠式建筑。20 世纪 50 年代，锦纶会馆又被作为民宅使用，共有住户 30 余家；到 20 世纪末，由于年久失修，会馆显得相当残旧，有专家甚至将其比喻为一盘“水豆腐”，稍有大的振荡就出现倒塌散架的危险。

鉴于这种情况，很多人甚至有些专家教授建议将锦纶会馆拆除。他们认为，锦纶会馆从建筑上看没有非常特别之处，不过是明清时期普通的房子，不值得花巨资保护；锦纶会馆历经300余年的风雨侵蚀，见证了多次战火的洗礼和大大小小的政治运动，早已残旧不堪，加之砖木结构，本身就是危房，稍有不慎就会引起建筑物彻底散架倾倒，移位维修就是破坏的过程，这样折腾，对于保护会馆是危险之举；康王路工期紧迫，如果对会馆进行保护维修，势必影响修路工程；等等。

拆除会馆的意见引来保护派的激烈反对。他们认为，锦纶会馆与珠江三角洲一般的宗祠相比，的确没有太大差异，不属罕有，但作为广州唯一的一座基本保存完好的行业会馆却有着重要的文物价值。与它齐名的如钟表会馆、梨园会馆、银行会馆、眼镜公所行业会馆等早已被拆毁湮没了，位于恩宁路的粤剧会馆——八和会馆仅存有一块牌匾和两扇门。文物建筑是历史的产物，是城市的物质性遗产，是不能再生产再建造的，毁一个就少一个。广州作为一座历史文化名城，必须有一定数量和质量的文物建筑与其匹配。然而，让人遗憾的是，南海神庙大殿、明代遗构的广府学宫大成殿、五仙观前殿等都先后被拆毁，锦纶会馆有幸保留到今天，采取一切可能的办法对其进行抢救保护，是政府应尽的责任和义务。况且，广州有财力、有技术、有经验、有队伍做这样的工作。

锦纶会馆整体移位前全景

保护派的意见引起了广大民众的强烈共鸣。在强大民意支持下，1999年4月，广州市人民政府决定，保护锦纶会馆；同月22日，广州市文物管理委员会召开第五届全体委员会议，将保护绵纶会馆列为会议一项重要内容进行讨论，与会专家就会馆的保留保护、工程费用、居民拆迁、后续管理使用等问题，广开言路，献言献策，面临绝境的锦纶会馆又迎来一丝生机。

为了选取可行的最佳保护办法，市政府组织文化界和建筑界的专家学者多次召开专题会议，听取各方意见，最后得出三种方案。一是会馆原地保护，道路在其前后两侧绕行；二是原址不动，道路从下面穿行；三是会馆先拆除，再易地重建。第一种方案因涉及动迁太多、资金投入巨大、时间跨度过长，更主要的是绕行道路开通后，会馆被夹在道路中间，不利于保护和利用，被否定；第二种方案因出入隧道口的道路南北拉出位置不够被否定；至于第三种方案，异地选址，先拆后建，也就是将每块砖瓦木石都编上号，拆后按照编号重建，应属省事易行，但会馆本体的台基、墙体全用富有地方风格的麻石、大青砖、木料，以传统手法砌造，其中的木构、釉陶瓦脊与灰塑、木雕等建筑装饰也保留了许多南方地区早期的建筑传统，它的一砖一瓦、一木一石都是珍贵的，若拆除重建，会造成各种建筑构件的损坏、毁失，必定会失却原有的真实性，充其量只能算是用旧材料建起来的新古董，与文物建筑保护要求相悖。

“原地保留”和“拆卸重建”等方案均被否定后，有专家提出，可否采用“整体移位、就近选择迁移地点”的方式保护。从技术层面来说，答案是肯定的，尽管要将锦纶会馆整体移位，其技术难度极高，但广州拥有像李国雄这样的优秀专家，拥有经验丰富的技术人员和成熟的施工队伍，足以确保锦纶会馆顺利整体移位。

文物管理部门和文物专家们一再坚持对锦纶会馆实施整体移位的要求，也引起了建设部门的重视。广州市文化局与规划部门、建设部门就锦纶会馆保护事宜进行了多次研究磋商，最终决定：锦纶会馆采用整体移位的方式保护，并根据文物的性质及其所处的社会历史环境，提出迁移地点应就近选择，使其保留在它原来所处的历史人文地理环境之中。

整体平移保护的原则确定了下来，但争议的声音并没有消失，不同部门及社会各方就平移的安全性、必要性议论纷纷。为了能够统一工程各方的想法，更是为了给社会各界一个交代，广州市文化局委托了广州大学建筑设计研究院制定了可行性报告。2001年3月14日，由广州市文化局和广州市建委联合组织的“《锦纶会馆整体移位可行性研究报告》评审会”的现场，市建设科技委员会与规划、建筑、文化等13个相关部门的专家和工程技术人员汇聚一堂，相互倾听彼此的意见，对《锦纶会馆整体移位可行性研究报告》进行认真论证和研究，李国雄作为有实际操作经验的专家受邀请出席。

会上，担任专家组组长的吴仁培教授认为，尽管锦纶会馆的状况确实不好，简直像块“水豆腐”，一碰就会裂开，对它进行平移也有很大难度，但是从理论和技术上看，还是可行的。他还提出了在会馆下面用钢筋水泥做一个大托盘把这块“水豆腐”托住的办法。吴教授生动形象的比喻，一语激起千层浪，与会者一致赞同他的观点。李国雄结合一些平移工程的成功案例和经验，肯定了吴仁培教授的设想，并从多方面对平移保护方案提出补充完善意见。专家们最后一致同意，采用整体移位方案，并由鲁班公司根据专家意见制订具体平移设计方案和施工组织方案。

4月4日，时任广州市副市长李卓彬指示同意锦纶会馆整体迁移保护。

4月13日，市道路扩建办主持召开设计方案审查会议，经过专家评审论证，同意由多次成功完成建筑物整体移位工程的广州市鲁班公司负责对锦纶会馆进行整体平移的设计和施工。

……

面对都市扩张与文物保护这道我国城镇化进程中的难题，李国雄和他的鲁班公司整装待发、迎难而上，锦纶会馆300年的风雨历程将见证这场创造历史的洪流。

2. “五花大绑”托起“水豆腐”

锦纶会馆平移要保留会馆的“原汁原味”，一片瓦都不能掉下来，如果未能圆满完成，我将承担起所有的责任。

广州西关，下九路西来新街21号，锦纶会馆就坐落在这里。月夜下，锦纶会馆显得十分静穆，云际有影影绰绰的灰塑轮廓，那是来自会馆屋顶的两只斑斓鳌鱼，双目圆睁、须根向天——似乎正诉说着300年前的峥嵘。

锦纶会馆作为现存唯一的300年历史的行业会馆，不单是海上丝绸之路的重要遗迹，还是“十三行”对外贸易的重要物证。馆中有19方共21块碑石，碑文洋洋洒洒共有数万字之多，记录了会馆从兴建及发展的经历，印证了中国纺织行业及丝织品出口曾经有过的辉煌，也是广州市资本主义萌芽发源地的最佳证据。孙中山先生曾专门提出要求永久保留！永久保留谈何容易，这些方碑中，最薄的只有4毫米厚，一拆除就会因风化而破烂。

李国雄默默地站在会馆前，300年的风雨沧桑扑面而来。作为一个长期与建筑物打交道的工程师，李国雄对建筑物的美有自己独特的领悟，锦纶会馆不仅是建筑物，更是件艺术品，历史的尘埃更增添了它的魅力；留下了那么多沧桑的记忆，锦纶会馆绝不能在自己手中成为绝响！

按事先确定好的路线及地址要求，锦纶会馆平移须先由南向北走80米，然后转直角，再由西向东走22米到目的地。由于搬迁后的新址地势较低，为了防止雨水倒灌，在转弯处，还需要将建筑物整体提升近1米。要让这么一个砖木结构受损严重、动一动都有倒塌之虞的破旧房子完成这样的奇迹之旅，李国雄和鲁班公司面临史无前例的困难和挑战。

建筑界一直有句口号，叫“质量安全，功在当代，利在千秋”，对于锦纶会馆平移工程而言，更是如此。成功，则为广州保留了最宝贵的历史记忆，为鲁班公司创下了一座在业界、在广大市民心中永不磨灭的丰碑；失败，乃至对会馆有一点损坏，都会对李国雄和鲁班公司造成不可承受之重。

唯有慎之又慎，方保万无一失。

关键时刻，李国雄决定任用自己的妻子、公司的副总经理李小波，出任锦纶会馆平移工程的总指挥。

鲁班公司的员工都知道，李国雄在公司管理及工程项目运营中，从来都是唯才是用，而对亲者严。鲁班公司的很多员工也知道，长期担任公司副总经理的李小波，另一个身份是李国雄的妻子。

此刻，李国雄委妻子以重任，公司上下没有一个人认为这是任人唯亲。

如果是任人唯亲，谁会将这么重的担子给亲人挑。

如果是任人唯亲，谁会将如此大的风险让亲人面对。

李国雄之所以选李小波任工程总指挥，是根据李小波的个性特点和工作作风做出的决定，是对李小波能力与素质的信任和肯定。

李小波是李国雄在华南理工大学建筑工程系读书时的同班同学。20世纪80年代的校园不像现在这么开放，在学校念书时，两人并没有特别的印象，甚至连话都很少说。李小波只知道李国雄勤奋好学、成绩优异；李国雄对李小波印象更是模糊，只觉得她像一个善良美丽的邻家女孩。毕业后，李国雄继续在建工学校当教书匠，李小波被分配到广州市规划局。后来，李国雄成立了鲁班公司，急需大量专业技术人才，他就请李小波帮忙做设计、画图纸等。李小波业务能力强，作风泼辣；后来，她干脆辞职下海加入鲁班公司，成了李国雄的得力助手和亲密战友。

在这个关键时刻，李国雄之所以敢把工程总指挥的重任交给李小波，是因为李小波作为女性有着男性所不具备的周密细致，考虑问题更注重细节，更能保证工程的万无一失。经过长期的磨合，无论是工作，还是感情，李国雄都非常信任李小波，他已没法再把两者分开了。

李国雄的这个决定，让李小波颇感意外。长期以来，都是李国雄冲在前面，她默默地做好幕后工作。她没想到，这次丈夫竟然把她推到了前台，把这么重的担子交给她。但无论于公于私，无论从工作还是从感情的角度，李小波都没有讨价还价的余地，她明白丈夫的良苦用心。

走马上任之后，李小波做出的第一个决定就是代表工程指挥部向公司全体员工立下了铿锵有力的军令状——“按照市文物局的要求，锦纶会馆平移要保留会馆的‘原汁原味’，一片瓦都不能掉下来，如果未能圆满完成，我将承担起所有的责任，引咎辞职”，同时决定将平移工程指挥部设在锦纶会馆内。也就是说，李小波和工程指挥部的全体人员将随会馆一起移动！

这个决定超越了“一损俱损，一荣俱荣”的范畴，它表达了李国雄、李小波及鲁班公司的决心：破釜沉舟，背水一战！

6 月的广州，早已进入了盛夏，阳光明晃晃地刺人眼。锦纶会馆平移的前期工作正如火如荼地进行着。李国雄、李小波和普通技术人员一样，戴着黄色的安全帽，顶着烈日在施工现场进行前期勘测工作，掌握会馆所处地段的地质条件，详细记录会馆结构及内部构件的具体情况，并根据工程内容及施工要求，将施工总体部署分为三个阶段。

第一个阶段，将濒临散架的会馆进行临时加固施工，并为搭建平移基础钻孔桩，完成夹梁、斜梁及上下轨道施工。这是本次平移工作中最基础、最关键的部分。由于施工难度大，工艺复杂，前期工作就显得更为重要，因此也被相应地定为时间最长的阶段，预计 8 月中旬结束。

第二个阶段，正式实施平移。整座建筑向北平移 80.04 米，整体顶升 1.085 米，转轨再向西移 22.40 米，落位新址，即华林寺地下停车库顶之上，其中包含了平移、顶升、转轨三个重要的技术内容。整个过程要受最严格的监控，确保会馆结构不受损坏，预计 9 月底完工。

第三个阶段，松绑拆卸、加固修复，使之落地生根。经过 300 余年的风吹日晒雨淋，加之保护不力，锦纶会馆饱受摧残，它的墙体是空斗墙，原有的灰浆黏结力几乎等于零，倒像是一堆砖头垒在一起，柱子也像是放在石基上，上下均没有固定联系，整个建筑简直像块“水豆腐”，一碰就会裂开。如何保证锦纶会馆在整体移动过程中不散不塌？李国雄、李小波率公司的技术人员多方走访了吴仁培、冯建平、麦英豪等权威专家，经过反复研究、论证，最后决定先把会馆墙体柱子等建筑部件“五花大绑”，在会馆下边用钢筋混凝土做一个“兜底”，然后将两部分固定起来。

“五花大绑”归结起来为“托、撑、裹”三个字。简而言之，就是在房屋内外用钢管搭设一个空间网架结构体系，并通过竖向杆件与上轨道梁体系牢固连接在一起，形成刚度极大的空间结构体系，由此将“墙夹住”“柱箍住”“梁托住”。凡有下沉或者倾斜的柱子，把它托住、撑住；有变形的墙体，从外到内撑顶住；嵌在墙上十分珍贵的碑石和凸起来的镬耳山墙等，用泡沫板外加木板将它密密实实地裹住。由此，会馆里里外外的各部位都将被托住、撑紧、裹实，相互牵连，形成一体。

具体做法就是：对于屋顶荷载传递，将利用纵横 1.3 米间距的钢管立柱搭设至屋顶后，紧贴屋面木桁条下方也每隔 1.3 米设置钢管“八”字形对龙承托木桁条。钢管对龙下方纵横 1.3 米再设置钢管大横杆做底托后承重横梁。通过钢管“八”字对龙，底托大横杆、钢扣件、立杆将屋顶荷重全部传递到平移平台。

将东西向的外墙面每隔 1.5 米设置钢管夹墙，钢管里外用扣收紧扣死，使建筑物的墙身稳定性加大；室内的四方石柱及圆木柱，则是按从上至下、由左到右的顺序，上、中、下各用钢管每 2 米搭设成为“井”字形结构，互相拉结扣紧使之在平移过程中所有柱拉连成一个整体，保证不发生倾斜。

为了使整个建筑物在平移中能够里外上下连成一整体，内墙每隔 4 米搭设一排墙架用来对墙体支撑、收紧、固定，使外墙与室内顶架连成一整体，而且内部柱间墙及所有柱位连接在一起，防止在平移过程中墙体、木柱的松脱或者偏移。

将“水豆腐”“五花大绑”后，就是在会馆下面做个结实牢靠的盘子，托住“水豆腐”。这个盘子就是担任锦纶会馆整体平移重要角色的上轨道体系，整个会馆的上部结构及对它们支撑保护的空间钢管网架的作用力，和平移过程中所有的外加动力均作用于此。可以说，上轨道体系是保证会馆平移顶升过程中安然无恙的关键。

经过反复论证，工程指挥部决定用最常见的钢筋混凝土结构做托盘，因为钢筋混凝土结构与原墙基能够很好地结合在一起，并完成荷载传递的转换过程，同时又不存在锈蚀问题。为了避免锦纶会馆在上轨道体系施工时不发生基础的附加沉降，具体操作是采取“微积分”的办法，分段、跳开在房子的下面一根一根地“插”入立面为正方形、边长为20厘米的小钢筋混凝土梁，这些小梁组合在一起就形成一个大托盘，整栋房屋也就一点儿一点儿地转换到托盘上。

盛夏的广州，台风频袭，而2001年的台风似乎格外频繁，8月刚到，已先后6次来袭。每次台风挟裹大雨来临，指挥部都充分做好应对措施，避免狂风暴雨对会馆造成破坏，影响平移工程。8月初，兜底托盘终于完工，会馆里里外外的各部分也与兜底的盘子牢牢连接为一个整体。

有人戏问李国雄：“锦纶会馆到底犯了什么滔天大罪，要给它‘五花大绑’？”李国雄笑答：“只要它听话，搬到新址后会松绑的，而且还要给它一剂‘十全大补’（大维修工程），它真的要补补身子了。”有过多次建筑物平移经验的李国雄清楚，只要能把锦纶会馆完整地托起来，这次的平移就成功了一半。

3. 纵横移步，力士举鼎

一个铜锥从梁上垂悬下来， 锥尖下面平放一把水平尺， 尺端放一个乒乓球。 平移过程中， 铜锥没有一丝摇晃， 乒乓球没有任何滚动， 连水平尺的气泡也一直未见离开中线。

2001年8月18日，天气晴朗。

位于广州下九路西来新街的锦纶会馆被脚手架和安全网包裹了，让人看不清本来的面貌，更加显得神秘。会馆四周围满了市民街坊和媒体的记者，人们尽量靠近施工现场，占据有利位置，睁大了眼睛，调好了手中的照相机、摄像机，静静等候着这座300年的老建筑迈出的第一步。

会馆的北面，一条深5米、宽20多米、长约30米的施工坑道，铺着4条平行的平移轨道，一直延伸到锦纶会馆的“托盘”下面。整个建筑物将在9台千斤顶的前拉后推下，在轨道上慢慢滑行。

设在会馆中心的平移工程指挥部里，李国雄、李小波紧张地工作着。华南理工大学吴仁培教授与冯建平教授、广州大学岭南建筑研究所所长汤国华教授等建筑界、文化界专家学者也聚集指挥部，关注着工程进展。

上午9时许，“嘀”的一声长鸣之后，扩音器里传出了李小波略显紧张和激动的声音：“各部门各就各位，试平移20秒。预备——起！”

锦纶会馆整体移位时全景

先是读秒“5秒、10秒、15秒”，然后是倒数声“3秒、2秒、1秒，停！各单位测量汇报数据”。

随着工程总指挥李小波话音落下，施工现场周围，闪光灯亮成一片，围观的群众睁大了双眼，突然有人大叫：“动了动了，我看到了。”引起人群的一阵悸动，大部分的人将信将疑，纷纷议论：“动了吗？真动了吗？”

广州市建设工程质量监督站
有关技术人员参观锦纶会馆平移现场

香港支社记者
在锦纶会馆平移现场采访

其实，锦纶会馆真的移动了，只是速度非常平稳、缓慢，由于各号台的技术人员同时制动，且千斤顶用力均匀，常人很难察觉。但会馆的任何细微位移，都逃不过分布在会馆四周7台水准仪和2台经纬仪从不同角度进行的动态监测。

现场的工程技术人员紧张地忙碌着，采集数据、汇总数据、分析数据，很快，刚刚20秒内锦纶会馆的移动情况传到指挥部，会馆整体向前移动了0.2厘米，整体结构没有丝毫变化，建筑物安然无恙！

会馆内，李国雄放在桌面上的一杯水竟然没有一丝晃动。广州大学岭南建筑研究所所长汤国华教授特意补加的自制监测仪器——一个铜锥从梁上垂悬下来，锥尖下面平放一把水平尺，尺端放一个乒乓球。平移过程中，铜锥没有一丝摇晃，乒乓球没有任何滚动，连水平尺的气泡也一直未见离开中线。被邀请参观的媒体朋友都佩服地伸出了大拇指，赞叹不已。

对锦纶会馆的试平移，再多的谨慎都不为过，因此，开始时只是轻轻地推了推，检测到建筑物确实安全后再向前移动一点。毕竟，锦纶会馆不是一般的建筑，平移必须要做到万无一失。为此，工程指挥部确定了安全第一的施工原则，宁可慢一点，再慢一点，也不能影响到会馆本身。

好的开始是成功的基础。接下来的试平移中，单次平移的时间在不断增加，第四次是30秒，第五次是1分钟，第八次是2分10秒；平移的速度也在加快，第一次是10秒钟内移动0.2厘米，第二次是20秒内移动0.6厘米，而到了第八次以后，每次都能移动16厘米。

每移动一步，指挥部都要收集各方数据，输入电脑进行对碰分析，然后再定出下一步的移动时间、速度，因此每单次平移的时间、速度都不一样。没有标准的时间，没有标准的步子，每一点细微的地方都需要指挥部现场分析判断。

随着试平移的继续，越来越多的观众看到了会馆的位移，他们兴奋地跟着总指挥李小波大声读秒数数、加油呐喊，每次平移成功都引来一阵高过一阵的欢呼。

外行看热闹，内行看门道。其实，在南北纵向平移中，最难的是锦纶会馆东厢房的平稳同步平移。锦纶会馆东厢房的建筑结构与建筑物的主体不同，其长度只有十来米，特别是该房只是紧挨在主体建筑旁，没有任何连接物。这样，东厢房成了纵向平移中的一道难题，稍不同步就会散架，指挥部以强大的科研力量为后盾，运用了独立研发的三项专利技术，确保东厢房在平移中不出任何问题。

经过两个小时紧张有序的试平移，锦纶会馆成功向北平移0.97米，并未发生任何损坏。事实证明，试平移成功，施工设计方案科学可行，一直把心悬在嗓子眼的李小波终于松了一口气，在场的专家学者和指挥部的全体人员也都松了一口气。各大媒体迅速向社会公布了试平移成功的消息，无数关注锦纶会馆命运的人们，也松了一口气。

在接下来的24天里，锦纶会馆由南向北缓步移动，至9月10日共移动80.04米，到达预定位置，平均每天走出4.4米，相当于人行的6步。9月11日，广东省内各大媒体头版集中报道了锦纶会馆纵向平移顺利完成的消息。2001年9月11日，《广州日报》在题为“锦纶会馆走了80米”的报道中称：“自8月18日开始，经过长达23天的艰苦跋涉，昨天锦纶会馆终于完成了平移的一期工程——长达80米的纵向平移。”

锦纶会馆整体移位80米后的轨道面

锦纶会馆平移工程进入第二步——顶升阶段，简单地说，就是将这座668平方米、总重量约为1800吨的房子，用千斤顶举起来，整体升高1.085米。

在普通人看来，锦纶会馆能顺利沿轨道移动，就代表着平移工程的成功。但在李国雄和各方专家的眼里，顶升才是整个平移工程中难度和风险最大的关键时刻。因为在这个庞然大物下面安放有142个液压千斤顶及机械千斤顶，作为顶升的动力，这142位大力士不仅个个要有擎天之力，还要均匀发力，任何一个点出现问题都会酿成大错。

《史记》曾记载这样一个故事：春秋时期，秦武王力气很大，喜欢角斗。国内大力士任鄙、乌获、孟说等均被他任命为达官显宦，经常进行决斗比赛。有一次，秦武王与孟说打赌谁能举起殿前的大鼎，孟说不行，秦武王亲自举鼎，结果折断膝盖骨，留给后人“举鼎绝膑”的警句。顶升的过程如力士举鼎一样，不能有任何的闪失，稍有不当，轻则房屋撕裂、构件损坏，重则房屋倒塌。冯建平教授对此精辟地概括为“稳定压倒一切”，就是在顶升工程中，时刻监控调整好每台千斤顶要均匀受压，均匀发力！

为了实现“稳定压倒一切”的目标，工程指挥部将顶升过程细化为若干级，每级只顶升数厘米，具体来说就是在每个顶升承台安装两个千斤顶，在每一阶段顶升到位后，拆除纵向上下轨道槽钢及滚轴，再在上下轨道间垫上垫块，继续顶升；如此循环，直至最终顶升到位。为了保证顶升的同步性，在顶升时既要控制各个千斤顶每级顶升时的压力值，又要控制每级顶升时的顶升位移量，从而达到“双控”。9 月 14 日，顶升开始，经过 3 天的紧张施工，顺利将分馆抬升 1.085 米。

锦纶会馆完成顶升工作后，接着进行的工作是横向平移 22.4 米，并最终将会馆逆时针旋转 1 度，安置在华林寺地下停车库（与锦纶会馆平移期间同时建造）的顶板上。地下车库钢筋混凝土顶板做成反梁形式，反梁兼作会馆横向平移时的下轨道，顶板下面特别放置了橡胶隔震垫，能大大增强这座 300 年前建造的古建筑的抗震能力。

锦纶会馆被升高了 1.085 米

由于绵纶会馆呈矩形，故横向平移时方向更难掌握，也更容易产生扭转，导致严重的后果，所以进行横向平移时轨道从原来的 5 条增加到 16 条，每级的位移量较纵向位移量略小，以便于在平移中出现偏位时随时进行调整。

由于分馆顶升的缘故，会馆的横向下轨道梁除了华林寺车库顶板反梁外，其他部分只能在顶升完成后才能制作。顶起来的会馆，底下有很多支架，在支架缝中筑轨道，难度是可想而知的。李国雄戏称为是在“螺蛳壳里修道场”，光是这一工程，施工时间就花费 10 多天。

25 日，绵纶会馆开始由东向西平移，开始一切都很顺利；然而，就在会馆快要接近华林寺地下车库、平移进入冲刺阶段的时候，意外却发生了。

锦纶会馆纵向平移的轨道铺设完全由鲁班公司独自承担，由于横向平移轨道的终点，位于正在修建的华林寺地下车库上方，所以车库上方轨道由停车场修建方按照鲁班公司的要求进行铺设，并要逆时针旋转 1 度，由于对方没有做过平移，隔行如隔山，做出来的轨道存在一定的偏差，以至上轨道的梁断开，平移受阻。

得到消息后，李国雄、李小波马上连夜召集技术人员，共同分析原因，研究对策，修补裂缝，调整轨道。26 日凌晨 3 点，终于把轨道调整到位，一场危机被悄然化解了。

27 日凌晨 5 点，监理方现场确认：“锦纶会馆横向平移达 22 米，成功达到预定位置！”现场阵阵的欢呼声，打破了广州清晨的宁静。几天后，联合国教科文世界遗产中心官员亨利博士等一行4人，专程到锦纶会馆参观，对平移后的会馆发出由衷的赞叹。亨利博士说：建筑整体移位工程他知道很多例，但就砖木结构的房子进行移位，锦纶会馆是世界上第一例。以此为契机，广州市将对历史的传承作为突出优势，向联合国教科文组织申报全球“国际花园城市”并取得成功。

联合国教科文组织官员参观施工现场

2001年11月，国家文物局在广州召开全国文物工作现场会议。国家文物局的领导和来自全国各地的文物专家在实地考察锦纶会馆整体移位现场后，对该项工程的成功给予了充分肯定和高度评价。

4. 落地生根，修旧如旧

锦纶会馆的整体移位，为城镇化进程与文物保护矛盾问题的妥善解决开创了一条新路子，也为今后现代化城市中的地上文物保护工作增添了宝贵经验。

锦纶会馆整体移位到新址后，还在层层包裹中的会馆终于脱离了聚光灯的照射，安静了下来。在很多人看来，平移的成功，预示着锦纶会馆已经重获新生。其实，整体成功位移只是锦纶会馆保护的第一步，对锦纶会馆的保护还远远没有大功告成，如果会馆在松绑的时候倒塌或损坏，那么第一步的成功就失去任何意义。考虑到锦纶会馆整体移位和维修工作的复杂性和延续性，广州市文化局研究决定，对会馆的修缮和加固工作仍由鲁班公司负责。2002年10月25日，广东民间工艺博物馆与鲁班公司签订锦纶会馆的维修工程合同。对鲁班公司而言，整体位移成功，只是下一步工作的开始，重任在肩，李国雄丝毫不敢有船到码头车到站的想法。

2003年3月，经过一系列紧张的筹备，李国雄率鲁班公司精干力量再次回到了还在“五花大绑”中的锦纶会馆。这一次，他们将要揭开这座历经300年风雨沧桑老屋的神秘面纱，让其“原汁原味”地再次迎接世人。

锦纶会馆移位后，地基、墙体与柱均支承在上轨道体系上，如何将它落在永久的结构（华林寺地下车库顶板）上，并保持紧密结合，上下轨道间的滚轴如何处置，如何为柱提供支承，都是李国雄要考虑的问题。

所谓“落地”，就是锦纶会馆的新基础——钢筋混凝土夹梁如何与地下停车场的顶板连接。

锦纶会馆是连基础一起搬移，因此其落地处理，只需在墙体基础与地下车库顶板间的空隙填满混凝土即可。但由于混凝土在凝固过程中会产生收缩现象，因而有可能使新填的混凝土与原基础之间不能紧密结合，从而影响力的传递。为此，李国雄决定在混凝土填充完后，采用压力灌浆方式将这些空隙填满，保证墙体基础与地基紧密结合，实现“落地生根”。

对于上下轨道间的滚轴，因它们还处于受压状态，要将其强行取出，将会对锦纶会馆的受力结构产生一定影响。李国雄独辟蹊径，决定不取滚轴，而是在滚轴两侧用防渗轻质混凝土填埋，防其生锈。

在会馆平移时，柱子是由托换结构临时支承在上轨道体系上，移到位后，工程人员采取预先在上轨道体系对应柱子的下端位置处采用植筋技术制作一条钢筋混凝土梁，以取代柱子的托换结构，待地面做好安放柱基后，再将柱子支承上去。

锦纶会馆落地后的第一道工序就是“松绑”。移位前对建筑物主体的“捆扎”固定，既是整体性的，也是全方位的，会馆上至山墙、屋脊，下至墙柱基础，外及砖雕门窗，内到石碑楼阁，均用钢材钢板、铁丝木桩及其他软性材料进行了包裹、固定和保护。在整体移位中，锦纶会馆的整体结构已经达到了新的力学平衡，锦纶会馆各部分结构之间早已没有了黏合力，原来“水豆腐”的状态并没有得到根本的改变，捆绑支撑力一旦撤销，锦纶会馆就会处在非稳定的状态，随时都会有倒塌的可能。所以，“松绑”不是原来“捆扎”的单纯逆过程，更不是简单的拆卸，而要分步实施，并增加某些必要的临时新支撑；只有对整个锦纶会馆进行一次彻底的结构加固，才能让各部分得到足够的支撑，才能使锦纶会馆真正“落地生根”。

为了使会馆在“松绑”的过程中因结构受力不匀发生移位和原建筑本体继续受损的可能降到最低，李国雄决定在“松绑”施工过程中要严格遵循如下原则：一是确定先后，宁缓勿急；二是从上至下、由外至内，先轻后重，分清主次；三是整体与局部的动态监测，尤其是重要结构部位和原险情部分的监测与支顶保护的置换准备相结合；四是在条件许可的部位，边“松绑”边维修、加固、纠偏；五是作重点保护的石碑，其包裹物料至需要维修时再行拆除。同时，特别强调要做好动态设计和动态施工的准备，根据施工过程情况的变化，随时修改设计方案和施工方案。

“松绑”初期，技术人员发现首进正殿西“镬耳”山墙一侧檐口原砌筑物料缺失脱落并严重风化，影响整个“镬耳”山墙的安全，如不及时处理，有坍塌的可能，工程队迅速采取措施，进行加固修补复原，解除了险情。有些墙体在“松绑”期间，适逢连场大雨，在雨水夹带松散灰沙的不断冲刷下，墙体承受压力不断加大，出现倾斜现象。例如，祖堂东面的山墙是承重墙，向东倾斜比较严重，向外紧贴着的是东厢房，东立面墙体也有不同程度的倾斜情况，墙顶沿纵向与会馆的主体呈“S”状。李国雄和技术人员经过反复论证和实验模拟，决定采用钢管和木条斜撑支顶，先保持墙体的稳定，然后采取整体纠偏的方式进行修复，在墙脚新浇钢筋混凝土梁把整堵墙托住，用垂直于托梁两侧延伸出来的若干混凝土小梁做杠杆，用千斤顶把墙体一点点纠正回原位。

锦纶会馆经历了300余年的风风雨雨，很多构件受损严重，甚至缺失。对受损的构件如何修补，对缺失的构件如何复原，参照的资料、所用的材料、修复的手法与技艺等等，每一项工作都非常讲究，可以说是一门融合了建筑、艺术、文化、历史等学科的大学问。比如，建筑布局的复原就参考了保存在广州博物馆的唯一一张民国初期所拍的正立面照片，并参考了附在锦纶会馆第三进山墙的碑文；参照了锦纶会馆西山墙上的痕迹，还参照了广州地区会馆祠堂的常见构件。对其空间、门窗、廊道、楼梯、花园与天井的尺度都参考了广州传统建筑的尺寸，还原清末民初广州人的生活习惯与喜好。

岭南建筑的装饰有木雕、砖雕、石雕、灰塑、陶塑、彩画等，俗称“三雕二塑一彩画”，是岭南建筑艺术的重要组成。历经岁月的创伤，锦纶会馆的木雕槅扇、木雕封檐板不是散失就是被破坏，头门前檐柱上的人物石雕被打掉，头门山墙墀头的人物砖雕也被打掉，屋脊的灰塑也大部分被风雨磨去，琉璃陶塑只剩下第三进正脊，室内墙顶部的抹灰彩画早已被石灰水覆盖，而现在这些传统工艺大都失传、传统材料很多无处可寻，要修复这些艺术构件谈何容易。

早在20世纪五六十年代，岭南建筑大师莫伯治先生等前辈就注重收集岭南民居中闲置的历史构件，并把这些历史构件恰当地设计应用在现代园林酒家和宾馆的建筑设计中，使岭南传统建筑艺术在新时代建筑中得以延续。在锦纶会馆的修缮中，李国雄借鉴他们的做法，最大限度地发挥旧构件的作用，以增加会馆的历史信息。如复原的大量木雕艺术利用收集来的旧槅扇、旧封檐板来体现，大门挡中参考广州陈家祠的木雕重新设计制作，横披装饰物参考广州郊区民居旧雕，西路后进阁楼槛窗护栏前的阴木刻仿照东路后进阁楼槛窗护栏前的原阴木刻的山水、白菜等图案。让李国雄感到遗憾的是，分布在头门山墙墀头上的砖雕人物，在“文化大革命”期间均被砍头，因现今砖雕艺人难觅，所以这些人物雕像没有修复。

如何运用新材料、新技术，也是在会馆修缮的过程中必须考虑的。在锦纶会馆的修复过程中，运用的新材料、新技术有整座建筑基础设置的抗震橡胶垫，部分暗藏钢筋混凝土的墙体，整体地下排水系统和防水防腐防虫措施，为展览需要增加的电气照明系统。除此之外，修缮使用的大部分为传统材料和传统技术，对新技术、新材料的运用慎之又慎。例如，古建筑多使青砖，而生产青砖的作坊越来越少，青砖难买，而且质量不如从前，为了解决这一问题，李国雄让工人收购部分拆旧房用的青砖，并订购部分新青砖。至于水泥，应尽量避免使用，因为当时还没有使用水泥，而且以水泥为主要材料的钢筋混凝土是一种不可逆的材料，一过使用年限就全部同时变坏，不能局部更换。对于空心柱，也不用水泥灌注，因为木与混凝土不黏合，两者不能同时工作，反而增加柱子的荷载。李国雄借鉴更为科学的办法是，在木柱空心部位填塞碎木，然后用环氧树脂混合石英砂灌填。类似这样的技术难点，在维修过程中不止一次出现，每次李国雄都以谨慎的态度，坚守“不改变文物原状”的原则，依靠专家们的共同智慧，采取慎重、安全的方式一个个解决。

在锦纶会馆修缮加固的过程中，李国雄深深体会到中国古代匠人的聪明才智和建筑文化的博大精深。中国斗拱的抗震原理、岭南地区抬梁与穿斗相结合的微妙功效，都让李国雄叹为观止。在维修的过程中，李国雄没有为会馆加现代钢筋混凝土圈梁，而只是把左右山墙用铁杆拉了起来，增加墙体结构的整体性。他认为，不要轻易改变古建筑的原结构，因为它数百年来经历地震、台风的考验而不倒，本身就说明其结构和构造具有科学性。

2004 年 7 月，经过 15 个月认真细致的修残补缺工作，达到了保持文物原状的要求，修缮工作宣告完成，历时 4 年的锦纶会馆保护工程终于落下了帷幕，饱经沧桑的锦纶会馆又生机盎然地迎接每一位游客的到来。

修缮后的锦纶会馆开馆仪式

（位于广州康王路的锦纶会馆建于雍正元年，2001 年由鲁班公司对此实施平移工程，向北平移 80.04 米，整体顶升 1.085 米，转轨再向西平移 22.40 米）

2005 年 2 月 2 日，锦纶会馆由广州市文化局正式移交给广州市荔湾区管理。在移交仪式上，当年为锦纶会馆重获新生群策群力的各方领导、专家教授和技术人员再度聚首一堂，大家在无限欣慰之余，一致认为，作为现代化城市建设中文物保护的一次成功尝试，锦纶会馆的整体移位，为城镇化进程与文物保护矛盾问题的妥善解决开创了一条新路子，也为今后现代化城市中的地上文物保护工作增添了宝贵经验。

对于每个人而言，今天就是明天的历史，我们都是历史的见证者、亲历者。但是，当时间的脚步从我们身边跨过，却只有极少数人能紧跟它的步伐，成为历史的创造者。李国雄做到了，他和鲁班公司的名字与锦纶会馆一起，由全球近百家媒体传遍世界各地，并和锦纶会馆一起载入史册，为世人传颂铭记。

二、信义教堂的平移与保护

位于芳村信义路的德国古教堂，始建于清光绪八年（1882 年），由德国建筑专家设计，很多建筑材料都是从德国进口。鲁班公司首次采用斜向平移技术，将教堂整体以约 73 度的角度向东南方向斜向平移 26.3 米，缩短了平移距离，节省了工程成本。

1. 德国领事送来的宝贵资料

一家民营的高科技企业，在激烈的市场竞争中，如何能够脱颖而出、屹立不倒？李国雄认为，最重要的是企业的“工匠精神”。

2008年10月25日，李国雄意外地接到德国驻广州总领事馆打来的电话，打电话的人自称李浩然，是领事馆的领事，想就芳村信义教堂的保护和李国雄见见面。

第二天早上10点，一个钩鼻、深目、蓝眼睛的外国人准时出现在李国雄的办公室，并用流利的中文向李国雄自我介绍，他就是李浩然。

李浩然，原名Harald Richter，1982年起在德国驻广州总领事馆工作，工作之余最大的爱好就是研究中国文化和中德两国交往史，是一名地地道道的中国通。他此次来访，是专程给李国雄送来自己从德国柏林复印的有关芳村信义教堂的宝贵资料。

位于芳村信义路的德国古教堂，始建于清光绪八年（1882年），由德国基督教信义会出资，聘请德国建筑专家设计，很多建筑材料都是从德国进口，整个教堂包括6幢哥特式建筑楼宇和一座哥特式钟楼，为典型的哥特式建筑，是基督教信义会在广东的传教总部。晚清时期，这里曾是孙中山领导“兴中会”策划广州起义的一个秘密据点和武器收藏处，在中国近代史上有着光辉的一页。1960年后，教堂被改作民居；但自1991年的一场大火之后，教堂被废弃，至今无人居住。又10多年过去，教堂原建筑物尚存，但已破烂不堪，钟楼的哥特式尖顶遭破坏，连屋顶都草木丛生，被有关部门鉴定为“危房”，不过整体建筑仍气宇不凡地昭示着它昔日的辉煌。

2004年，广州历史上建设规模最大的过江隧道工程——洲头咀隧道系统的建筑规划正式获批，即将启动施工。位于芳村信义路的德国古教堂正好“站在”洲头咀隧道东出入口的正上方，占据了隧道口施工地段，这座百年老建筑将面临被拆除的厄运。

2007年，广州市有关部门考虑到德国教堂重大的文物研究价值，决定教堂将不能因洲头咀隧道的兴建而被拆。同时，提出两个解决办法：一是洲头咀隧道规划进行适当修改；二是借鉴锦纶会馆的成功经验，将教堂通过平移加以保护。经过对城建拆迁、路政设施、投资费用等问题的综合考虑，最终决定对教堂进行整体平移，并在施工结束后搬回原址进行维护修缮。而这份沉甸甸的任务和责任，自然落到了“中华平移第一人”同时也是广州市文物保护专家的李国雄和他的鲁班公司肩上。

当李国雄作为文物修复专家，第一次进入教堂内部检查时，他被眼前的景象震撼了。这座教堂虽然历经百年风雨，表面已有不少破损，但是，顶部的木结构仍然稳固如初，用工具敲击木柱、木梁，声音“当当当”的十分清脆，说明木头质量非常好。建筑界有句流传很广的话，即“干百年，湿百年，干干湿湿两三年”，指的是建筑木料如果长期放在水中或干燥环境中，可以保存很久，但是如果在干湿交替的环境中则很容易破损。广州的空气湿度高、雨水密度高，恰恰形成了对木质结构建筑最不利的“干干湿湿”环境，而德国教堂百年之后，木结构依然坚固如初，着实让人震惊。

李国雄感叹道：“我相信，再过 30 年，这个教堂的建筑质量有可能比用同样材料造的现代建筑还要好。这就是德国人的工匠精神。”李国雄认为，一家民营的高科技企业，在激烈的市场竞争中，如何能够脱颖而出、屹立不倒？最重要的是企业的“工匠精神”。

在德国驻广州总领事馆工作的李浩然关注德国教堂已经很久，每次到教堂看到其萧条破败的模样，巨大的失落感便油然而生，冥冥之中，他感到有责任去关注和保护这座见证中德文化交流的百年古建筑。当他从报纸上看到对芳村信义教堂进行“整体平移保护”的决定后，兴奋激动之情溢于言表，他主动走访负责教堂平移工程的鲁班公司，希望能为教堂的平移保护提供帮助。

为了深入了解教堂，保护教堂，李浩然对教堂的历史及相关资料做了认真的考证。他利用回国休假的机会，专程奔赴距家 600 公里外的柏林，到基督教信义会档案馆和图书馆收集资料；经过两天的细致搜索，他从浩瀚如烟的资料中找到了教堂的原设计图纸及地质情况、建筑材料等原始资料。

与德国领事互访活动

当李国雄从李浩然的手中接过这些宝贵的资料时，不得不佩服德国人的严谨与认真，100 多年前的资料，竟然保存如此完好，它们将为教堂的平移与维护提供宝贵的借鉴。这些充满历史气息的纸页，犹如当年氤氲教堂里面的空气，如今重又萦绕在李国雄的办公室里，让人感慨万千。

李浩然认真地告诉李国雄："在我们德国领事馆眼中，这座教堂就像是德国在中国的血脉，对它充满了感情。当知道广州市人民政府决定对教堂进行平移保护后，整个领事馆都沸腾了。总领事先生还让我转达，在正式平移那天，他将亲自参加开工仪式。"

德国领事李浩然先生向李国雄提供的宝贵资料

送走李浩然，李国雄马上驱车赶往位于珠江南岸的教堂平移现场，他要第一时间把这些宝贵的资料交到一线技术人员的手中，尽快发挥它们应有的作用。

2. 首创斜向平移方式

本次平移中，鲁班公司采用了创新技术——斜向平移方式，将建筑物整体以约 73 度的角度向东南方向斜向平移 26.3 米。斜向平移的难度更大，但是缩短了平移距离，节省了工程成本，为鲁班公司首创。

芳村信义教堂经过百年风雨，加之使用不当，损毁严重，但有了锦纶会馆的成功经验，对鲁班公司来说，加固修缮算不上太难；难点是教堂邻近珠江，多次遭到过水浸，原地基地质遭到严重破坏，基础不牢，地动山摇，从某种程度上来说，德国古教堂平移与保护的难度不亚于锦纶会馆。

芳村大教堂在平移中除了要抬升、转弯等，与普通平移最大的不同就是，按照规划方案，教堂平移到新址，6 年后隧道施工全部结束，还要再把教堂移回原位。也就是说，要把教堂平移一个来回，而且时间间隔是 6 年。6 年时间，地基基础、使用材质、施工环境等都会发生变化，平移是精密工程，容不得半点闪失。为了保证 6 年后教堂能原路返回，这需要李国雄拿出最保险、最稳妥的方案。

李国雄常将工程比喻为拔柱子。拔掉一根柱子的过程并不难，办法也很多，但困难的是要在拔柱子之前，研究柱子本身的结构及柱子四周的环境，有必要甚至把柱子周边十几米、几十米范围的地质情况、土壤结构都要搞得清清楚楚明明白白。平移工程也是如此，最难不是平移本身，而是前期的准备工作。李国雄带领公司的技术人员参照李浩然提供的设计图纸等资料，通过细致的实地勘测，把教堂里里外外研究了个透，在此基础上制订详细的平移方案，并反复论证完善，使施工方案无懈可击。

德国信义教堂平移施工前记者招待会

经过一个多月的紧张施工，至2008年11月26日，平移工程各项准备工作均已就绪。此时，整座德国古教堂已被铁杆、木板和螺丝里里外外严实地“五花大绑”起来，仅用于捆绑“打包”的铁架就有100多吨，以防教堂在抬升及平移过程中受到任何损毁。教堂的底部所有着力点均已被水泥基座从底部垫起，基座上几乎每隔1米就放有一个红色的50吨液压千斤顶。教堂内部，从七八米高的金顶残缺瓦片间隙中透出的阳光照在密密麻麻的脚手架和绿色纱网布上。

德国驻广州总领事馆总领事带领李浩然和其他官员聚集教堂前，一起参加了信义教堂平移剪彩仪式，并预祝鲁班公司平移成功。教堂的南侧，9条水泥平移轨道已铺设好，百余名施工工人各就各位，就等李国雄发号施令，平移正式开始。

9时，随着李国雄“开始”的命令，工人们沿平移轨道一字排开，安装到位的千斤顶在工人的操纵下开始向老教堂“发力”。

第一个环节是将教堂顶升75厘米。“3、2、1……15秒顶高5毫米，大家保持节奏，不要太急，稳点！”曾经参与2001年锦纶会馆平移施工的几位工程师用扩音器进行现场指挥。工人们屏住呼吸，摇起手上的千斤顶，每一次发号施令抬升教堂高度后，测量人员都将实时测出的数据马上送到指挥台输入电脑以进行测算。每提升一次，工作人员就要根据数据调整下一轮的提升高度，以防提升过程中出现不平衡现象。

从上午9时到下午4时的7个多小时内，古教堂被原地抬高了75厘

德国信义教堂平移施工现场记者采访

米，迈出了百年教堂搬迁新居的第一步。接下来的两天内，工人们要在这75厘米的空间内用夹墙梁、托换梁、轨道梁和联系梁为构件做成一个钢筋混凝土的“大托盘”，新的基础加上教堂原有的基础，形成一个稳固的整体，使教堂比之前更结实且抗震性更强。随后，整座教堂会在李国雄的指挥下，沿着事先铺设好的轨道继续向南移动。

德国信义教堂平移施工现场

按搬迁后的位置要求，大教堂平移时还需要转动一定的角度。锦纶会馆平移时也有角度变化，采用了传统的矩形轨道平移，即采用了先纵后横走直角的方式。本次平移中，鲁班公司采用了创新技术——斜向平移方式，将建筑物整体以约73度的角度向东南方向斜向平移26.3米。斜向平移的难度更大，但是缩短了平移距离，节省了工程成本，为鲁班公司首创。

11月30日，备受关注的芳村大教堂顺利搬迁到预定位置。《南方日报》《羊城晚报》等多家媒体纷纷以焦点新闻的方式，对此次大教堂的搬迁进行了专题追踪报道，鲁班公司再一次以精彩的业绩诠释了对“挑战建筑业世界难题，专治建筑物奇难杂症”理念的不懈追求。

3. 教堂回归“出生地”

经过3天的斜移，教堂终于回到了原址。由于经过了精密测算，在来回斜移过程中，教堂没有开裂，只有极少数零碎材料损坏，主体结构完好无损。

2014年12月2日，信义教堂“漂泊”6年后，被顺利“挪回”到百年前的“出生地”。

按照原来的计划，教堂本该在3年后平移回原址；但由于受到洲头咀隧道施工进度的影响，教堂的平移工作直到2014年11月29日才启动。

因为教堂回迁的工期比预计晚了3年多，并且教堂为具有126年历史的砖木结构的建筑物，损坏严重，结构整体性差，要进行整体平移，技术难度高、施工风险很大。为了保障百年教堂不会因平移受损，李国雄带领他的团队对平移方案进行了精心研究。为了防止屋顶的瓦片落下来，他们在教堂外围拉上了一层安全网。整体搭建的钢网把教堂包在其中，教堂内外的各个构件都被牢牢地固定在钢网内，连同托盘形成了一个独立受力体系。

在教堂南面，9条轨道上有9个千斤顶作为动力，推力共有约450吨，将教堂以每次前进15厘米的速度，每2米算一个阶段，缓慢向西偏北方约24度，平移约26米回到原址。斜移时，每移动15厘米，就要校正一次。因为移位过程中轨道的差异沉降和各种原因引起的震动，将在上部结构中引起附加应力，可能引起结构开裂和破坏。因此，必须对移动过程中建筑物的受力状态进行研究，包括结构震动的分析及轨道的沉降分析。

德国信义教堂回归“出生地”施工现场

经过3天的斜移，教堂终于回到了原址。由于经过了精密测算，在来回斜移过程中，教堂没有开裂，只有极少数零碎材料损坏，主体结构完好无损。

“原来教堂的基础是简单的三合土浅层，地基主要是木桩；回迁后，地基要用钢筋混凝土重新建造，并将教堂跟地基焊接加固。平移前增加的托盘，将全部埋在地下”，李国雄说，“初次平移教堂花费为300多万元，这次回迁因为沿用了部分原有设施，费用节省了一半。”

教堂平移到位后，还会边修缮、加固边拆除钢架和木板，然后对市民开放，成为洲头咀上一道独特的风景线。

三、保护岭南奇石、天外飞榕

树不能倒，石山也不能破，树和山两者可谓是一对相生的矛盾。

2003年6月的一天，作为广州市文化局特聘的文物保护专家，李国雄突然接到市文化局有关方面打来的电话，请他下午赴荔湾博物馆参加一个研讨会议。原来，荔湾博物馆的镇馆之宝“岭南奇石、天外飞榕”景点由于岁月侵袭，风化严重，博物馆向市文化局求援；市文化局领导非常重视，按照我国文物保护的相关条例规定，文物的维护、修缮必须要有3名以上的文物保护方面的专家到场，共同研究制订工程方案。因此，市文化局决定聘请专家，现场观摩，商讨解决方案。李国雄便是3位受聘专家其中之一。

荔湾区是广州最具特色的老城区，尽管李国雄是“老广州”，但并没有去过荔湾博物馆。博物馆就在广州有名的西关泮溪酒家附近，喧嚣的酒店旁边有一条不起眼的小路，转进去以后却是曲径通幽，两旁都是清末民初的西关大宅，爬满了爬山虎的高墙上，间或露出一角飞檐、一座拱顶、一树木棉，清静雅致得仿佛脱离了世俗的纷扰。广州以前有句老话，叫“东山少爷、西关小姐”，眼前的景象，让人依稀勾勒出以前大户人家的点滴生活。

李国雄到了现场后，发现受邀的专家中还有老相识、老前辈麦英豪先生。麦老是广州文物保护、考古界的泰山北斗，曾任广州市文物管理委员会副主任、广州博物馆名誉馆长；历任广州市文物管理委员会考古队负责人、副主任，广州博物馆馆长、名誉馆长，西汉南越王墓博物馆顾问，香港中文大学文物馆名誉顾问，全国历史文化名城保护专家委员会委员，享受政府特殊津贴；长期从事广州地区田野考古发掘与研究工作，从20世纪50年代初起从事文物考古工作，先后主持或参加过山西侯马晋国铸铜遗址、北京大葆台汉墓、广州秦代造船遗址、南越国宫署遗址、西汉南越王墓等大型发掘和考古工作。在锦纶会馆平移工程中，李国雄就古建筑的修缮、保护等问题，向麦老多有请教，几次接触下来，彼此间结下了深情厚谊。麦老很欣赏李国雄的为人处世，提起鲁班公司的技术水平及对广州文物保护的贡献，麦老更是竖起大拇指赞不绝口。

等3位专家聚齐，博物馆朱馆长领着大家，边参观边介绍："荔湾博物馆馆址是民国初年英商汇丰银行买办陈廉仲先生的故居，于1993年被列为广州市文物保护单位。博物馆里最有特色的，就是这座具有岭南风格的'风云际会'石山了。"

"风云际会"石山位于博物馆的迎门处，古色古香，是一座筑于水池间的太湖石假山。石山为中国传统假山少见的拱形，带有典型的罗马建筑风格，石山中空，内有台阶可供人拾级而上，远远看去，仿佛一枚倒置的鸡蛋，亭亭玉立。更加奇特的是，山上长了一棵高约10米的老榕树，老榕树的气根盘根错节地缠绕在假山上，与假山融为一体。

石山建于清末，距今已有100多年的历史，石山下的水池，曾通荔湾湖，游艇可至石山脚下，是广州唯一现存的清代著名人工石景，被誉为"岭南石山奇景代表作"。石山上的榕树据说是燕雀带来的种子，后来慢慢长成一棵细叶榕，故称"天外飞榕"。由于气候适宜，榕树长势茂盛，经过了近百年的时间，榕树的气根和山体盘绕结合，几乎将整座石山包裹了起来，榕树和石山几乎融为一体，鬼斧神工，蔚为壮观，堪称岭南一绝。

"成也萧何，败也萧何"，由于岁月的侵袭，石山风化严重，加之榕树树根不断地生长、膨胀，对石山的结构造成严重的破坏，山体上出现多处裂缝，随时有倒塌的危险。令人尴尬的是，尽管榕树和石山几乎融为一体，但按文物的划分标准，石山是文物，榕树却不是。所以朱馆长说："这座石山具有很高的文化价值和观赏价值，一定要原汁原味地保存下来……如果实在有难度，将上面的榕树砍掉也行。"

"将榕树砍掉实在可惜，"麦老首先提出不同意见，"石山和榕树你中有我、我中有你，两者互相辉映，相得益彰，如果去掉榕树，肯定会少了很多韵味。"

"更重要的是，榕树和石山已经融为一体，某种程度上说，这种历经了百年风雨的石山本身结构早已松动，都靠着榕树的根系支撑着，如果把树砍掉，弄不好石山会立即垮塌。"李国雄接着说。

最后大家决定，将石山和榕树一并加固、保护起来。

继续保留榕树，美则美矣，但给石山的保护带来极高的难度。石山本身就是由一块块太湖石堆砌而成，榕树的气根深入其中，多年来的生长造成石块的松动；山顶的榕树树大招风，特别是广东地区台风频繁，台风过境时，长在平地上的大树都很容易倾倒，更何况这棵根基不稳的榕树？树不能倒，石山也不能破，树和山两者可谓是一对相生的矛盾。

此外，按《威尼斯宪章》的规定，文物修缮要按原来的形制、采用原来的材料与工艺，这是全世界都要共同遵守的文物保护原则。但在修旧如旧的过程中，如何运用现代科技、材料等手法，以尽可能延长文物的寿命，保证其安全和牢固，这又是一对不可调和的矛盾。

如此疑难杂症，自然非鲁班公司莫属。面对大家的信任，李国雄没有推辞的理由，看着迎风而立的榕树，只觉得肩上的担子又沉了几分。

石山内部中空，外部石壁很薄，加之长时间的风雨侵袭，石质也变得异常脆弱。简单地说，就像一只中空的鸡蛋壳，精致优美，但已经受不起风吹雨打，更不要说建筑施工。尽管李国雄有过丰富的“螺蛳壳里做道场”的经验，而这次的难度无疑更大，这次是要在“鸡蛋壳里做道场”了。

李国雄认为，不论什么建筑物都是有生命的，工程师修缮维护建筑物，在某种意义上和医生医治病人是一样的，都是要帮助其调动自身的生命力，经过和公司技术骨干反复讨论，李国雄最后决定给石山“打针”。“鸡蛋壳里做道场”，大型工程机械根本派不上用场，工人们就调来小型设备，辅以人工进行作业。石山是直接在地面上堆砌起来的，石山底部和地面连接的地方受力最大，也是最脆弱的地方，施工人员在技术人员的指导下，用基础灌浆的方法，将水泥浆一点一点地慢慢注入，施工过程像给病人输液一样平缓。地基稳固了，石山也就站稳了脚跟。解决了基础的问题，接下来要处理的就是石山表面的裂缝，依然采取“打针”的方式，将按古方调制的黏合剂填充进去，将裂缝一处处补好。

这个工程量并不大，但操作复杂的工程整整花了 4 个月才最终结束。工程结束后，李国雄又反复叮嘱博物馆的工作人员，要定期对石山上榕树的树冠进行修剪，降低风阻，以免被大风刮倒。

如今，10 多年过去了，“风云际会”石山和“天外飞榕”依然以婀娜的身姿和奇峻的姿态，记录着岁月沧桑，迎接着八方来宾。

四、巧夺天工挖掘“岭南第一简”

如何在不破坏文物的情况下，将古井下的木简完整取出，难倒了众考古专家。

2005年7月，已经挖掘了10年的广州南越王宫署遗址考古现场，再度成为舆论的焦点。考古人员在宫苑西北侧发现了一口砖井，井中有100多枚有文字的木简和大量农作物的种子，这一发现震惊世界。

南越国是秦汉之交时，由南海郡尉赵佗起兵兼并桂林郡和象郡后建立起来的国家。公元前219年，秦始皇任命屠睢为主将、赵佗为副将，率领50万大军平定岭南，并在岭南设立了南海郡、桂林郡、象郡三郡。秦末汉初，中原战乱，赵佗吞并桂林郡和象郡，据南岭天险，于约公元前204年自立南越国，国都位于番禺（今广东省广州市），疆域包括广东、广西两省区的大部分，福建、湖南、贵州、云南的部分地区和越南的北部。南越国是岭南地区的第一个郡县制国家，它的建立保证了秦末乱世岭南地区社会秩序的稳定，并使中原文化得以传入岭南地区，改变了岭南落后的状况。西汉景帝时，南越国归汉，南越王渐渐淹没在历史的尘埃之中。

1995年，位于广州市中山四路的广州市文化局重修办公大楼，挖开地基后意外发现，这里正是南越王宫署遗址。考古人员在遗址中发掘了方池、弯月池、曲渠、平桥、步石等宫殿园林的遗迹，尘封已久的南越国终于重见天日。1996年，该遗址被列为全国重点文物保护单位。2000年，与文化局相邻的广州市儿童公园在整修时，发现整个儿童公园的范围都是在南越王宫署遗址上面，儿童公园整体搬迁给考古让路。

随着考古挖掘工作的一步步推进，大量极具价值的文物从南越王宫署遗址里被发现，得以重见天日。而记载王宫档案的木简的发现，将考古挖掘工作再次推向高潮。南方气候潮湿多雨，不利于木简的保存和传世。之前考古界在湖南长沙发现过大量汉代简牍，全部为竹简。南越王宫署中发现的这些木简为岭南首次发现，具有极大的考古价值，被称为“岭南考古惊天大发现”。

当时，南越王宫署考古总指挥、年近八十的麦英豪听到发现木简的消息，激动得像年轻人一样跳了起来。他火速赶到现场，围着古井井口仔细端详，一边赞叹“宝贝！宝贝！”一边激动地说，“谁说我们广东没有文化？单凭这些木简、单凭我们脚下的宫署遗迹，广州就具备了申报世界文化遗产的资格。”时任中共广州市市长张广宁专程来到南越国宫署遗址调研，在连连赞叹的同时，要求考古工作者在发掘过程中要做到边研究、边展示，选择重点部分对市民开放，最大限度地发挥文物古迹应有的社会效益。时任中共广州市宣传部长的陈建华更是明确指出，对这些木简的研究，对于了解南越国文明的发展水平有着重要的意义，对它们的研究是广州考古界的头等大事。

井下的木简是无价之宝，必须将其移至恒温恒湿的室内，由考古人员来慢慢清理，并对挖掘出来的文物进行下一步的防腐处理，便于今后的研究利用。毫无疑问，目前挖掘现场的环境和条件无法达到考古研究的要求。砖井的直径60厘米，从地表面深入地下7米，考古人员在抽干水后，木简等文物就集中在地下7米深的淤泥里面，井下空间狭小，只容得一个人上下升降，还不能够弯腰自由活动；而这些比金子还要珍贵百倍的、不可复制的“宝贝”，在污水和淤泥里泡了2 000多年，早已腐朽不堪，动一动、碰一碰就会碎掉了。有人提出直接从井口挖下去，挖出一个足够大的作业面，但这个方案会破坏同属于需要保护的古井，而且破坏了挖掘现场原貌，显然不能让麦老满意。如何在不破坏文物的情况下，将古井下的木简完整取出，难倒了众考古专家。

“李国雄和他的鲁班公司或许会有办法。”麦老马上让助手请来李国雄。

之前，李国雄率鲁班公司已参与了南越王宫署遗址的考古挖掘工作。接到麦老授予的新任务后，李国雄并不着急制订方案，他围着古井仔细观察，并找考古人员取来资料，仔细研究古井的结构。古井的设计之精巧让他叹为观止：古井井壁是由陶土烧制的圆环拼接而成，圆环一米一节，相互之间有榫扣咬合，木简等文物就是在第七节处发现的。也就是说，这些文物距井口约7米，由于淤泥堆积，无法确定7米以下是否还有木简或其他文物。

掌握了初步情况，李国雄马上召集公司的技术智囊与文物专家一起研究施工方案。大家经过反复斟酌研究，最终确定了如下方案：在古井旁边再挖一口井，达约8米的深度后，侧向古井挖一个洞，探测古井的深度和文物的堆积情况，如果没有发现新的文物在下方堆积，就证明木简所在的位置就是古井的底部；然后，从新打的井中侧向开凿，将木简全部取出。方案得到考古专家的一致认可。

一切准备就绪，李国雄带领着鲁班公司精干力量奔赴考古现场。在紧张的挖掘工作后，在井下8米左右，工人们小心向古井打了通道，经过仔细检查探测，没有发现文物的堆积，最终认定古井的深度就是 7 米，木简所在的位置就是古井的底部。

当所有人都等着鲁班公司开始大规模土方施工、挖掘清理文物的时候，李国雄出人意料地命令停止挖掘工作，而是按古井的尺寸制作了一块平台将文物包括包裹它们的淤泥一起兜住，平台下方做一个基础，在平台和基础之间放入滑轮，然后像拉抽屉一样，将整盘的文物抽了出来，再从新的施工井里吊上地面，整体送到研究室。

整个工程从开挖到完工，前后只用了一个星期，工程量也不大，没有大规模的土方挖掘，也没有大量的人工清理分拣，却完全达到了将文物完整无损地取出，并保持了古井的完整，总经费还不到 5 万元。麦老不由得竖起大拇指赞叹说："李国雄的设计真是巧夺天工！"

经过考古人员初步清理考察，这批"宝贝"中有 100 多枚有文字的木简，专家们判断这批木简是南越王宫的纪实文书，也就是当时的王宫档案，涵盖了宫室管理、职官、地理、法律、风俗等，从多方面反映了南越国的制度，不但印证了遗址定性、年代的正确，更为南越国史提供了重要的补充，价值无可估量，填补了南越国和岭南地区木简牍发现的空白，被称为"岭南第一简"；出土的农作物的种子，则反映了当时南越国的农业发展状况。

看着考古人员清理出来的木简样品，薄薄的木片上，古朴的篆书无声地诉说着千年前的故事，华夏文明的血脉就这样通过共同的文字载体得以延续。当文明具化成了实物，近在眼前、伸手可触的时候，李国雄感慨万千，他为自己和鲁班公司参与南越王宫署的考古挖掘工作感到无比的欣慰和自豪。

柒

工程抢险

——一个企业家的社会责任

铁肩担道义，是一个优秀的企业家对社会应尽的义不容辞的责任。和父亲一样，李国雄的血液里流淌着报国担当的理想。在工程抢险的危难关头，很多人选择回避，而李国雄却总是挺身而出，鲁班公司也在这种直面生死的挑战前不断创新、发展。1996—1998年，鲁班公司参加编写了我国第一本《建筑基坑工程技术规范》；1999年，鲁班公司被广州市建委指定为工程抢险队之一，李国雄被任命为广州市抢险工程专家成员之一。

一、责任担当，源自父辈的基因

李泉热血沸腾，此刻，他已毅然暗下决心——弃商从军，卖掉工厂，捐献国家，参军抗日。

红日照遍了东方，
自由之神在纵情歌唱！
看吧！千山万壑，铁壁铜墙，
抗日的烽火燃烧在太行山上。
气焰千万丈，
听吧！母亲叫儿打东洋，
妻子送郎上战场。
我们在太行山上，
我们在太行山上，
山高林又密，
兵强马又壮，
敌人从哪里进攻，
我们就要他在哪里灭亡，
敌人从哪里进攻，
我们就要他在哪里灭亡，
……

每当唱起这首《在太行山上》，李国雄都热血沸腾，父亲的形象浮现在眼前。

1937 年岁末，广州城内张灯结彩，迎接新的一年的到来。不少大户人家家里更是按西方的规矩，四处张罗着西洋的食品、玩物，广邀亲朋好友，筹划着办一个新年“派对”。

广州亚洲电器厂的董事长办公室里，李泉从管家手里接过一叠制作精美的派对邀请函，看都不看，直接撕碎扔进垃圾桶里。

“商女不知亡国恨，隔江犹唱后庭花。日本人都打下了半个中国，国难当头，广州还有几天歌舞升平的日子，谁还有心思参加什么派对！”李泉愤懑地大步走到窗边，“哗”地推开窗子，大口大口呼吸着窗外刮进的冷风。

1937 年 7 月 7 日，卢沟桥事变爆发，日本帝国主义发动战争机器，开始全面侵华，很快平津陷落；8 月日军攻打上海，11 月 20 日上海沦陷，兵锋直抵国民政府首都南京，国民党军节节败退，几次倾全国之力的大型会战均告失败；12 月 13 日南京城破，30 万中国军民惨遭屠杀，中华民族到了最危险的时刻！

“老爷，您别太上火，这些国家大事，不是我们这些做买卖的能决定的啊。”管家宽慰李泉。

“国家兴亡，匹夫有责！这么大的事怎么会不关我们的事，国事就是家事，国家现在正是需要我们每个人都献出自己力量的时候。”李泉深吸了一口气，“你去回个话，说我身体抱恙，派对就不参加了。”

回家的路上，李泉陷入了深深的沉思。1840 年，英国发动侵略中国的鸦片战争，用大炮轰开中国的大门。随后，西方列强接踵而来，发动了一系列侵华战争，强敌面前，中国人民不屈不挠，前仆后继，抗争、失败、再抗争。如今，日本帝国主义发动全面侵华战争，战火已燃遍大半个中国，中华民族面临亡国灭种的空前危机……

李泉热血沸腾，此刻，他已毅然暗下决心——弃商从军，卖掉工厂，捐献国家，参军抗日。

这是李泉进入商海以来做出的最艰难的决定。

1905 年，李泉出生于广东省顺德市容旗镇（今容桂镇）的一个小康之家，中学毕业后就被父亲送到广州学习电气技术，学成之后又在几家洋行里当学徒。当时的中国积贫积弱，工业极度落后，小到蜡烛、铁钉都不能独立生产，更不要说发电机、机床等电器设备了。

洋行的老板也是看到了这点。在他们看来，这说明中国人天生比西方人笨，只会偷奸耍滑，因此平日里对李泉他们这些学徒动辄辱骂。跟他同时入行的几个年轻人，由于受不了洋人老板的各种刁难和侮辱，陆陆续续地离开了，只有李泉咬牙坚持了下来。这段经历在他的心里深深地埋下了一个实业救国的梦。李泉从不拿薪水、只管吃住的小工干起，一直做到技术主管，又自学掌握了工厂管理、产品销售的相关知识，三年学成。李泉用自己的扎实肯干，改变了洋行老板对华人学徒工只会偷奸耍滑的看法，直接被任命为洋行的襄理，领外籍经理级别的薪水，独当一面。

虽然洋行老板开的薪水足够李泉一家子过上体面的生活，但李泉始终有着实业救国的梦。于是，他谢绝了洋行老板开出的高薪，带着多年积攒的全部积蓄，投资开办了自己的工厂——亚洲电器厂。

虽然厂名取得响亮，但开始不过是一个一穷二白的手工作坊，更没有现代化的生产设备，只能做些修修补补、简单加工的生意，李泉亲自带着七八个工人，白手起家，一榔头一扳手、一台机器一台机器地攒出了眼前这家拥有数个车间、几十台现代机器、数百名工人的电器工厂。在这里，李泉生产出了广州第一台电风扇，同时还制造发电机。由于物美价廉，深受市场欢迎，销路很好，广州海珠大戏院、金星电影院、解放电影院、南关电影院等都把亚洲电器厂的产品当作首选。

工厂办起来之后，有外国资本家看中它的发展前景和市场占有率，还专门找到李泉，谈收购的事，给出的价格足够李泉全家移民外国，舒舒服服地过下半生了。但实业救国是李泉一直以来的梦想，他把工厂看得比生命还重，怎么样都不肯卖掉。而今天，在民族生死存亡的关头，李泉选择了中断自己的梦想。

李泉坚信，等打跑了日本人，自己实业救国的梦想就一定有实现的那一天！

当李泉向母亲讲出自己的想法时，老太太沉默片刻，长叹一口气说："我们虽是商贾之家，但祖上从来都不乏忠勇之士，如今国运艰难，你要报效国家，我不反对，只是枪弹不长眼，你要小心为是。"老太太眼中泪光闪现，转身进了佛堂，虔诚地跪在观音像前，低声祷告。

得到母亲的允许，李泉回到自己的住处，大红的双喜字还没被取下。刚刚要进门的二房太太李张氏看到丈夫进门，马上迎了上来。

"我打算卖掉工厂，捐给国家，参军抗日。"李泉说。

妻子顿了一顿说："现在鬼子都打到长江沿线了，广州沦陷是迟早的事，你去参军，为的是民族大义，我要是和那些村妇一样又哭又闹地不让你去，反倒是让你笑话我没有见识了。"

国将不国，何以为家。妻子深明大义，坚决支持李泉的决定。

昔日喧嚣的工厂如今已经完全安静下来，门楣上"亚洲电器厂"的牌子也被拆下。李泉驻足空旷的车间，四下环顾，他抚摸着一台台机器，最后看了一眼即将卖给他人的心血，转身走出了工厂。

1938 年，李泉没有想到，他此次参军离家，直到 7 年后抗日战争胜利才重返广州。

参军后，李泉被一纸任命书分配到国民政府中央航空研究院。抗日战争爆发后，国民政府有感于原有空军的孱弱，决定组建一支现代化的航空部队：

一面在昆明组建航校，以美军标准训练中国空军；一面在成都组建中央航空研究院。当时的中国并不具备制造飞机的能力，中央航空研究院实际上担负了飞机修理所的任务。李泉作为知名的电气专家，被刚刚筹建、急需人才的航空研究院“抢”到手，任命为工程师，并授予少校军衔。

“烽火连三月，家书抵万金。”数月后，李泉的电报送到了李家老宅。得知夫君的下落后，李张氏决定只身前往四川寻找丈夫。尽管她思想新派，受过新式教育，但毕竟没有出过远门，而且一个女子孤身在外诸多不便。为了尽量减少麻烦，她剪短头发，裹了胸，穿上李泉的旧衣服，戴一顶阔沿帽，女扮男装，贴身藏了几块银元，踏上了入川的旅程。此时，日军在大亚湾登陆，逼近广州，李家老宅的其他人也在老太太的安排下，收拾了细软，锁了大门，套了马车回顺德乡下去了。

广州到成都没有直达的火车，李张氏从广州出发，一路辗转，经衡阳，过桂林，穿贵州。天上日本人的飞机频繁轰炸，前方的铁路修了断、断了修，火车常常是昼伏夜行。车厢的过道里、椅子下、行李架上到处挤满了人。经过一个多月的长途跋涉，李张氏赶到成都时，李泉几乎认不出这就是他印象中端庄大方、温柔美丽的妻子。但两人总算又到了一起，小小的家又搭了起来。

在中央航空研究院，李泉由于工作出色，专业过硬，很快晋升中校，独立承担研究项目。李泉所在单位是涉及国家机密的机构，院里要求科研人员集体加入国民党，他是其中一员。（当年，共产党政审时有两个标准：一是集体加入国民党的，新中国成立后成为政府重点统战对象；二是单独申请加入国民党的，一般不会作为统战对象。）一日午后，成都的阳光炙热。李泉带着几个工程人员冒着烈日到停机坪里检修一批受损的飞机。这时，凄厉的防空警报响了，日军飞机的目标很明确，就是地面上正在维修的飞机。原来，日军已经侦察了中央航空研究院的具体位置，并清楚其重要性。敌机直冲而来，李泉能清晰地看到驾驶舱内飞行员狰狞的面目。“快跑!”李泉大声呼喊着，但飞机引擎巨大的轰鸣声震得他什么也听不见。

“轰，轰!”几枚炸弹落地，掀起巨大的烟尘，飞机吐出的火舌在停机坪里来回扫射，几架飞机顿时爆炸变成了火球。

敌机轰炸时候，李泉一个翻滚，滚入附近的树丛中。“哒哒哒!”他感到子弹就贴着他的身体扫了过去，所幸没被击中，虽然被碎石树枝划得满身是伤，却捡来一条命。而来不及躲避子弹的人，有几人当即毙命，数十名伤员则断断续续地呻吟着，惨烈的场景让他久久不能忘记。

1945 年抗日战争胜利后，国民政府返都南京，下属各机关按命令陆陆续续迁回南京，中央航空研究院也在此列。虽然研究所的领导十分欣赏李泉，极力做他的工作，动员他跟随研究院一起搬到南京，但乡土观念非常浓厚的李泉还是想要回到广州的家乡。

经过几番周折，已是上校军衔的李泉被一纸任命书调回到广州，出任一家军工厂的厂长。如愿回到家乡的李泉没有迎来他憧憬中的和平，更没有机会实现他实业救国的抱负。1946 年，内战爆发；3 年后，国民党军兵败如山倒，退居海岛，新的人民政权正在筹备建立之中。

此时，李泉的很多老战友、老同事都携家带口去了台湾，李泉的上级也再三催促他动身。是走是留，李泉思想斗争激烈：背井离乡去了台湾，可能就再也回不来了；尽管自己是工程师，打过日本人，没害过人，没做过坏事，但自己毕竟是国民党上校军官，新政府会原谅自己吗？

经过再三权衡，李泉决定不去台湾，先暂时去香港避一避，等形势明朗些再做下步打算。他带了几台发电机，从深圳前往香港，躲在罗湖和新界交界的几个村子里，靠把发电机租给村民演大戏赚钱度日。

1949 年 10 月 14 日，广州解放。不久，门庭冷落的李家老宅忽然来了两位穿着黄色军装的干部，他们自称是受省长陈郁的委托，专程来请李泉李工程师出山共同建设新中国的。

广州解放后，百废待兴，再加之国民党败退之时破坏了很多市政设施，新政权急需大量有丰富实践经验的技术专家帮助恢复城市的生活、生产。作为电气工程方面的专家，又熟悉广州乃至广东电气工程建设的李泉，被新政府列入了重点统战对象。据知情人透露，李泉的名字在政务院圈点的人员名单中。

“政府知道你们有很多顾虑，来之前我们做过很多调查，了解李工一贯的表现是爱国的。”“也是想为国家、为人民做实事做好事的，从这个角度说，他是和人民站在一起的。”两人相互补充，以图打消李泉家人的疑虑。

送走来客后，李张氏马上修了一封家书，派人给在香港的李泉送去。信里，一面是转达了新政府求贤若渴，并表示对往事不会追究的态度；一面也表达了自己的看法，新政府的人没有丝毫官架子，态度诚恳，和以前国民党宣传的完全是两个样子，政府可信，李泉可回！

辗转收到家书，一直在观望的李泉如吃了定心丸。他回到广州，被聘为广州市人民政府顾问。他把全部精力都投入到了新中国的建设上，参与了广州市及广东省的城市电力建设；同时，还担任了多家工厂的顾问，负责从工厂筹建到产品设计的多项工作，为广州的电气化做出了巨大贡献。

随着事业的再度起航，李泉终于有机会实现自己从小立下的实业报国的梦想。

1956年9月，李国雄出生。他从小崇拜父亲，处处以父亲为榜样。成长在这样家庭氛围中，耳濡目染，“实业报国”已固化为一种人生信仰，流淌在他的血液中。

二、鲁班大楼抢险，扶危楼于将倾

鲁班大楼不仅为公司赢得了第一桶金，也让李国雄尝到房地产的甜头。但他依然保持清醒的头脑，把公司定位为民营科技企业，把重点放在科技攻关与技术创新上。

1. 大楼随时都会倒塌

歪向一边的建筑物，在几秒钟内，在没有任何征兆的情况下，又突然歪向另一边，这不是玩积木、过家家，这是一栋真实的、重达千万吨的、钢筋水泥结构的7层建筑物。

1992年，鲁班公司周岁，新生的鲁班公司在李国雄及其核心团队的带领下，攻坚克难，蒸蒸日上，佳绩连连，在业内名气也与日俱增。与单纯做教书匠相比，自主创业无疑更加辛苦，千头万绪，李国雄每天像上了发条的陀螺，忙得不亦乐乎。

9月的广州依然酷暑难耐，忙碌了一天的李国雄吃过晚饭已是晚上9点钟，他洗漱完毕，刚换了件衣服睡下，就被一阵急促的电话铃声吵醒，蒙眬中，他接起了电话。

“李总，大楼在加速下沉，你最好能过来看一下。”李国雄听出，打电话的是在番禺一座大楼负责施工现场的工程师老梁。

“怎么回事?”听到大楼在加速下沉，李国雄马上清醒了过来。

“根据今天的监测报告，大楼下沉了2厘米，并有加速下沉的迹象。”老梁报告说。

“按照方案，新的桩应该做好了啊。”李国雄说。

“新的桩是做好了，但至少要明天才能和建筑物连起来，所以没有用。就怕楼拖不过今天晚上。”老梁说。

“我马上到。”放下电话，李国雄胡乱洗了把脸，就急忙出门。

十几天前，广州番禺大石镇的一名建筑公司老板找到鲁班公司。原来，受雇一位台湾老板，他们公司在广番公路（广州市区至番禺）大石段路边修了一栋7层高的商住楼。谁想大楼主体刚刚竣工，工人还没完全离场，大楼就因为地基下沉，发生了侧偏；面向马路的大楼，整体向后倾斜了70厘米。

这名建筑商只会盖房子，遇到这种问题却束手无策。他急忙在附近找了一个施工队对大楼进行基础加固；但十几天抢救下来，建筑物不但没有恢复原样，反而倾斜得越来越厉害，眼看大楼还没使用就要变成危楼了，在业内朋友的推荐下，他慕名找到了鲁班公司。

李国雄一边仔细看建筑商带来的图纸，一边详细询问之前采取的抢险方案。当了解到施工方采取的是在建筑物沉降一侧，对地下基础进行高压喷射水泥浆的方法进行加固时，他马上指出：“错了！问题肯定出在这里。”

“加固大楼沉降一侧的地基基础，怎么会有错？”建筑商摸不着头脑。

“方法本身没有对错，但在这里使用是不对的。”李国雄解释说，“这栋楼之所以地基下沉造成倾斜，是因为基础没打好，桩和泥土之间的摩擦力不够，致使桩基沉降。现在要用高压喷射水泥浆解决这个问题，用高压把水泥浆灌到淤泥土层中。但是他们没有想到，一方面，水泥的凝固需要一定时间；另一方面，高压喷射破坏了原来的淤泥结构。如果说原来的淤泥是豆腐，现在经过高压喷射，就把豆腐打成了豆腐花，大楼桩柱受的支撑更少，大楼自然也就越来越倾斜了。”

有着多年教书经验的李国雄最大的优势，就在于他理论基础扎实，当遇到专业上的难题时，他不是抱着试试看的想法盲目动手，而是能从理论上进行推演，并找出问题的关键点。

建筑商恍然大悟，他请求李国雄能够施以援手，接下这个项目。鲁班公司以整治建筑物的裂、漏、沉、斜为主攻方向，并提出“挑战建筑业世界难题，专治建筑物奇难杂症”的口号，这栋楼虽然算不上世界难题、奇难杂症，但也算鲁班公司的经营范围，李国雄欣然应允。

其实，在李国雄边看图纸边与建筑商交谈时，就对施工方案胸有成竹，草拟了“先加固、再稳定、后纠偏”的施工方案。具体来说，就是先做出新的桩柱与大楼原有的承台连接起来，顶住沉降的大楼，等大楼稳定后，再将沉降的一侧抬升至平衡。在他看来，这栋大楼患的病就和感冒发烧一样普通。

双方很快签下合同，其中一条：“施工期间楼房出现问题由鲁班公司负责。”也许由于李国雄骨子里没有把自己当个商人，也许由于他认为这只是一件普通的小工程，称不上奇难杂症。但不管怎样，李国雄并没有在意或忽略了这一非常重要的条款，以至于给后来埋下不小隐患，也给他带来极大的教训。

合同签订后，鲁班公司施工队迅速进场施工。工程进行得很顺利，工人们很快打好新的桩柱，正待水泥凝固将新桩柱与旧承台连接的时候，大楼的沉降速度突然加快了。不得已，现场工程师老梁赶快向李国雄报告。

等李国雄赶到番禺，已经是晚上 9 点 45 分。施工现场灯火通明，工人们正紧锣密鼓地紧张工作，大楼旁刚浇铸好的新的混凝土桩柱已经凝固，露出粗糙的一截。李国雄立即让现场负责人老赵把现场工程技术人员召集起来，他们站在楼前的马路边，一起研究大楼沉降加速的原因和解决的办法。

“轰……咔嚓嚓……”

大家的讨论还没有结果，原本向马路外侧倾斜的大楼突然掉转了方向，向着站在马路旁的李国雄等人倾倒过来。山崩地裂的轰鸣声伴随着撕心裂肺般的声响，尖利如铁钉划过玻璃，惊骇如炸雷划破苍穹，让人心惊胆寒。大地剧烈颤抖着，灯光下，可以看到大楼迅速倾斜的速度，巨大的裂纹如无数巨蟒，魔法般地突然在建筑物的墙体、梁柱上蜿蜒爬行，破碎的砖石沿着建筑物上的裂缝“哗啦哗啦”往下掉，四周一片烟尘升腾、弥漫。

所有在场的人都吓得面色煞白，没有一个人能挪动脚步，更不要说跑；他们僵在那里，只能站在那等候命运的宣判。

“完了！楼塌了！”这是当时所有在场的人一致的想法。

正当大家绝望地等待死神宣判的时候，大楼向马路一侧倾倒六七十厘米后，却像醉汉一样摆摆晃晃停了下来。遮天蔽日的烟尘，吹得大家灰头土脸，“噼噼啪啪”掉落在地上的坠物，打破现场的死寂。

一切来得如此突然，整个过程也就持续几秒钟。

李国雄第一个回过神来，发现自己的后背已经完全被冷汗湿透；再看看工友们，每个人都惊愕地站在原地一动不动，面色惨白，仿佛到鬼门关走了一遭。

歪向一边的建筑物，在几秒钟内，在没有任何征兆的情况下，又突然歪向另一边，这不是玩积木、过家家，这是一栋真实的、重达千万吨的、钢筋水泥结构的7层建筑物。

多年以后，参加过无数次工程抢险的李国雄，回想起当时的情况，依然认为那一次抢险是最为凶险的一次。

这栋大楼地基基础的糟糕程度远远超出了李国雄的预料，他估计委托方肯定向他隐瞒了情况。但现在不是懊恼、埋怨的时候，他目前面临的最大任务，就是在最短的时间内组织起有效的抢险措施，尽最大努力把这栋随时都会倒塌的大楼稳定下来。

2. 扶危楼于将倾

钢丝绳就从倾斜的楼顶垂放下来， 李国雄马上命令把准备好的一块大石头系在绳子上， 对着石头下垂的位置， 在地面上插一根钢筋， 标上刻度， 两三分钟时间， 一个简单的放大版的线锤就做好了。

“大家不要慌，听我指挥!”李国雄镇定的喊声，打破了现场死一样的沉静。

李国雄知道，所有的人都盯着他的一举一动，在这个最危急的时候，他必须保持冷静，不能流露出丝毫的慌张，他是鲁班公司的领头人、主心骨。狭路相逢勇者胜，他必须以自己的言行举止给人以信心和勇气。

所有人都知道，这栋楼很快就会倒塌，但何时倒塌、如何倒塌，他们并不清楚。

有着扎实理论基础和工程实践经验的李国雄，却对建筑物倒塌的全过程了如指掌——它并不像业外人所想象的那样，只是“咔嚓”一声，就马上倒掉，而是建筑物向下的压力和地基基础向上的支撑力之间的较量，消耗、抗衡，再消耗、再抗衡，直至重力完全压倒支撑力，平衡完全被打破，这个过程短至十几分钟，长至数小时，甚至十几个小时。

在李国雄看来，每一栋建筑物就是一个生命。一个生命在濒死的时候，会调动自己全部的能量与死亡做最后一搏，他要做的就是争取在建筑物最后的平衡被打破之前，从外部给它一点帮助、给它一些支持的力，那么建筑物可能就不会被“最后一根稻草”压倒，而是能够被挽救回来并重新恢复稳定。

要在危楼中抢险，最基本的是保证施工人员的生命安全。而保证大家生命安全的前提就是要对大楼的沉降情况进行时时监测。就像抢救病人，需要各种仪器监测他的生命体征，以便医生做出及时准确的判断，对症下药。

按正常的操作程序，需要利用专业仪器来监测大楼的倾斜程度和沉降速率，这种监测数据可以精确到毫米。但情况紧急，李国雄不可能找到这样的设备，就算找来了，也来不及完成监测；况且目前大楼的倾斜、沉降单位肯定不是毫米，而是厘米甚至是分米。所以，现场需要的是在最短的时间内建立起一个并不那么精密，但简单、有效的监测系统。

怎么办？李国雄的大脑高速运转着。

对，有了。李国雄灵机一动，在几秒钟内发出了第一条命令。他命令施工队的一名组长带着一捆钢丝绳冲上楼顶，一端找个地方系起来，一端垂到楼下。

说实话，大厦倾倒在即，此时再冲进大楼，需要极大的勇气。但李国雄的镇定和果断感染了所有的人；况且，他自己就站在楼下，楼要塌，他也不能幸免。

正是出于对李国雄的信任和受他的镇定所感染，这名组长二话不说，抓起钢丝就冲进大楼，向楼顶奔去。

“咚、咚、咚……”在楼道回响的脚步声击打着每个人的心。李国雄紧张地看着手腕上的表，时间一秒一秒地过去；那只有在宁静的夜晚才能听到的秒钟走动的声音，在李国雄耳中却变成了巨大的轰鸣。

不一会，钢丝绳就从倾斜的楼顶垂放下来，李国雄马上命令把准备好的一块大石头系在绳子上，对着石头下垂的位置，在地面上插一根钢筋，标上刻度，两三分钟时间，一个简单的放大版的线锤就做好了。李国雄专门安排一名技术工人盯住线锤，通过测量石头与钢筋的距离，算出大楼沉降、倾斜的速率，定时报告。如果大楼沉降速度突然加速，就马上发信号让所有人撤出施工现场。

毫无疑问，李国雄有着扎实的建筑理论功底，但他绝不是单纯的学院派，从他入学那天起，就注重活学活用，不要做一个“连厕所都不会修”的工程师。因此，李国雄的施工指挥，既讲究理论指导，又绝不刻板，不照本宣科，而是善于变通，善于因材巧用、因地制宜，无论是灵机一动，还是急中生智，都是理论在实践中的灵活运用。

当时，大楼周围新加的桩柱已经做好，只要能跟大楼的基础连接起来，把新桩的支撑力连接上去，大楼就有希望被救回来。问题的关键是，如何解决桩与楼的连接。按常规的施工方法，需要把桩上部效率不高的混凝土打掉，周围土层清理干净，让桩头暴露，再扎上钢筋、浇上混凝土，形成新的承台与地面上建筑物的梁柱连接起来。

没时间按部就班完成规定动作了，李国雄命令："不扎钢筋，直接在桩上浇混凝土，把桩和大楼的结构直接浇灌在一块大的混凝土层里，变成一个整体。"

没有钢筋基础不牢固，李国雄决定用钢管代替钢筋。就在接手这个抢险项目之前，鲁班公司刚刚完成了广州市东山百货大楼阳台的加固工程，工程完工后，大量用作搭建脚手架的钢管被运回了仓库。他马上安排人，"让仓库连夜装车，把所有的钢管全部拉过来"。

现场的水泥搅拌机不停地开动，一桶桶搅拌好的混凝土被倾倒在地面。但是，太慢了，还是太慢了，几台搅拌机同时工作，也不能满足需要。大楼监测数据不时报到李国雄的手中，大楼的沉降、倾斜的速率还在加快，离平衡被完全打破的临界点越来越近。

看着广番公路上川流不息的车辆，李国雄发出了新的指令，让工人们在马路边拦截过往的混凝土运输车辆，出高价收买；同时联系专业混凝土的供应商，以最快的速度运回成品混凝土。

一车车的混凝土陆陆续续运进了抢险现场，浇灌在已经铺设好钢管的地面上，越来越多，越来越厚，直到凝结成了一块 1 米厚的巨大混凝土层，地面上建筑物的承重梁柱都被包裹了进去，变成了一个整体。

随着混凝土的逐渐凝固，报到李国雄手上的监测数据发生了明显的变化，建筑物的沉降速率越来越小，直至趋于零。

危在旦夕、倾倒在即的大楼终于稳定了下来。

此时，李国雄的精神还不能完全放松，大楼的梁柱在强烈的侧倾过程中受到了极大的伤害，柱体、墙体多处开裂，很多地方都能伸进一个拳头。虽然建筑物暂时稳定了，但梁柱、承重墙的刚度受到了破坏，还是存在垮塌的隐患。所以，在大楼主体稳定下来之后，李国雄马上安排工人用鲁班公司自己研发的快凝补强材料维修，填补了破坏处，避免从局部破坏变成整体坍塌。

这次的大楼抢险施工，是李国雄领导鲁班公司自成立以来第一次独自完成高危建筑物的抢险施工，体现了李国雄个人理念，具有鲜明的"鲁班"特点，不拘一格，大胆实践，在紧张施工的过程中随时调整施工设计方案，尽一切可能调动建筑物本身的全部力量，包括墙体、基础梁等，达到挽救建筑物的目的。

正如李国雄常说的，鲁班公司的口号是“挑战建筑业世界难题，专治建筑物奇难杂症”，某种意义上，就像医生抢救病人一样，病人的情况千差万别，而医术高明的医生要根据实际情况，相机行事，对症下药。

3. 化险为夷，赢得第一桶金

在所有人都不看好的情况下，李国雄不仅没有被打垮，而是成功化险为夷，赢得第一桶金。

第二天早上 10 点，整栋建筑物终于完全稳定下来，不再发生沉降。此时，楼房已经下沉了 1.1 米，向马路方向倾斜了 1.35 米，成了广番公路交通主干道旁的一座“比萨斜塔”!

李国雄终于松了一口气，他想起此时该找到委托方的建筑商问个清楚，这栋楼的基础到底有什么问题，在签合同前，对方到底隐瞒了什么情况?

看到问题如此严重，建筑商不得不坦陈：之前的抢险施工公司除了在大楼的沉降侧用高压喷射水泥浆，试图把建筑物的沉降侧稳定下来，还在建筑物靠马路一侧使用了高压喷射清水，想通过高压水流，清洗大楼没有沉降的基础，让它们也降下来，从而达到纠偏的作用。愚蠢的施工方式不仅对稳定大楼没有丝毫帮助，反而破坏了建筑物正常一侧的基础，原有桩在高压喷射清水的冲洗下，成了无效桩，为大楼埋下了最大的隐患，差点酿成大祸。

按之前双方签下的合同条款，只要鲁班公司进场，施工期间楼房的所有问题都由鲁班公司负责。如果此次大楼抢险失败，那鲁班公司岂不是要负全部责任。这对李国雄来说无疑是极大的教训，毕竟当时他刚出道，还没有亲身体验过商海的浮沉与凶险。但不管怎样，鲁班公司已经稳定了大楼，只要稍后完成建筑物的纠偏就算是完成了合同，大不了公司在这个项目上不赚钱了。

中午时分，看到大楼沉降完全得到控制，奋战一夜、筋疲力尽的李国雄回到了家中，结果刚躺下还没合眼，又被急促的电话铃声吵醒——一个自称是番禺市人民政府办事人员的同志，通知李国雄下午去番禺市人民政府开会，紧急商讨广番公路旁倾斜大楼事宜。

看来事情还没完，真是接了个烫手的山芋。

李国雄按时赶到了番禺区人民政府，他发现大楼的建筑商和一直没有露过面的建筑物业主——一个台湾商人都已赶到。

看到人员到齐，一名工作人员向他们宣读了市政府的决定：立即拆除广番公路边的那栋危房！

原来，当天早上，番禺市委市人民政府领导去广州开会，路经广番公路时，一眼就看到了那栋歪向马路的大楼，而大楼下方1.5米处就是广州输往番禺的高压线，如果楼房倒塌，就会压断电线，这对番禺地方经济、社会稳定、民生安全等方面都会造成不可估量的损失。为消除隐患，领导马上召集相关单位，要求马上将楼房拆掉。

听说楼房要拆，李国雄据理力争："目前大楼虽然倾斜，但是稳定的、安全的，如果再宽限几天进行纠偏，就不存在任何危险和安全隐患……"

市政府一位负责人打断了李国雄的话，说："我知道鲁班公司的实力，也听说过你们纠偏的业绩，但领导拍板决定拆除这栋大楼，上级指示就必须不折不扣地落实。况且这个位置实在太敏感了，必须保证百分之百的安全。"

既然大楼必须拆除，丝毫没有商量的余地，接下来就是如何分担责任和赔偿了。

当初找鲁班公司的建筑商马上提出，这件事鲁班公司要负全责，按照合同规定，鲁班公司不仅要承担大楼的拆除费用，还要承担对业主的经济赔偿。

李国雄自然不同意这样的解决方案，据理力争，说建筑商在签订合同前隐瞒了重要内容。

最着急的还是业主——作为投资方的台湾商人，如此推来推去，他的这笔投资可能没办法收回。

市政府的那位负责人一看三方争执不下，也很着急，责任不清，就没有人为大楼拆除来埋单，就有碍于落实领导指示。

当时，新生的鲁班公司蒸蒸日上，企业的发展需要一个好的外部环境，陷入这样的纠纷肯定会影响公司的声誉和发展前景，而纠纷的处理也耗去了李国雄大部分时间和精力。

"怎么办?"李国雄想，"有什么办法能快刀斩乱麻，迅速了结这起纠纷呢?"

大楼必须拆除，政府已下达了最后通牒。拖下去，对各方均没有好处。

拆楼、赔偿，不管责任怎么分配，各方都不是赢家。况且合同签订对鲁班公司不利，拆楼，公司赔工赔料不说，再付巨额的赔偿金给业主，这对于刚刚成立不久、家底尚浅的鲁班公司而言，无疑是个沉重的负担。

李国雄思索着，一个大胆的念头在他脑海中闪现：能不能把整个项目都买下来呢？

想到就去做，这是李国雄一直以来的习惯。

他马上向业主了解整个项目的情况，业主台湾商人做这个项目完全是为了投资赚钱。买地建楼共花了 81 万元，加上几年来的升值，按当时市面价格折算，整个项目约达 180 万元，也就是说如果没有纠纷，台商纯赚了近 100 万元。如今，市政府严令拆除大楼，他的投资面临收益急剧缩水的风险，自是心急如焚。在这种情况下，如果李国雄提出按市场价格收购该项目，他肯定求之不得。

那么公司收购项目后的收益呢，李国雄仔细算了一笔账，公司把楼房拆除重建，再以当时的楼价卖掉，至少能保证不亏。如果政府修改建筑规划，在原 7 层规划上同意加高，那么公司就能略有收益。最重要的是，这是一个多赢的决定，能迅速使各方从没有头绪的纠纷中解脱出来。

他马上打电话询问公司的财务状况，结果让李国雄犯难了，公司正在急速的扩张中，资金都在流转中，账户上的现金只有 2 万元。

没有现金，能不能分期付款呢？

李国雄还是决定试一试，他向业主提出要把项目买下来。焦头烂额的业主一听李国雄的建议，马上来了兴致。经过协商，双方达成总价 180 万、首付 46 万元的初步协定。

有了这个协定，一方面，李国雄找到了当时在番禺市建委就职的他的一个学生，学生了解情况后，积极协调政府等各个方面，为事情的圆满促成打下坚实基础；另一方面，李国雄找回了番禺市人民政府，以退为进，主动提出大石镇还没有一栋高楼，而作为番禺通往广州的门户，需要有一栋高楼作为标志，如果政府同意改变规划，在原地修建高楼，鲁班公司将迅速将倾斜的大楼拆除，并在原地建一座漂亮的大厦。

为了落实领导指示，快速解决问题，番禺市有关部门迅速做出回应，同意将大楼原有 7 层的规划改为 14 层。

这下真是一石多鸟，皆大欢喜，业主有了 100 万的收益，政府落实了领导指示，建筑商也不需要分担任何拆除和赔偿费用。

但万事俱备，还欠东风。1992年，对于刚成立1年、账面只有2万元现金的鲁班公司来说，46万元可不是一个小数目。去哪筹这笔巨款呢？

“打虎亲兄弟，上阵父子兵”，最后还是在一家大型国有企业做财务总监的大姐从中斡旋，并做担保，筹到了钱，解了公司的燃眉之急。李国雄每说起此事，都会真诚地感谢“老大哥”——大型国有企业，对“小兄弟”——民营科技企业的帮助和扶持。当然，大姐的恩情更是不能忘。后来，李国雄的大姐被检查出了卵巢癌，李国雄倾其全力，帮姐姐求医问药，终于痊愈，这又是后话了。

一饮一啄，莫非前定。当一年以后鲁班公司在广番公路旁修建起14层高的鲁班大楼时，广州房价也高歌猛涨。鲁班公司卖掉6层楼就收回了所有成本，其余8层成了纯收益。在所有人都不看好的情况下，李国雄不仅没有被打垮，而是成功化险为夷，赢得第一桶金。李国雄的恩师郭日继校长听说此事后，感慨万端，良久沉吟：“李国雄真乃帅才也！”

鲁班大楼抢险，是李国雄带领鲁班公司第一次完成建筑物抢险，它展示了李国雄建筑施工、工程指挥方面炉火纯青的高超技能，为他以后参加各种工程抢险积累了丰富的实践经验，打下了坚实的理论基础；鲁班大楼抢险带来的挑战和机遇，还展示出他作为一名企业家的高瞻远瞩和雄才大略，以及在公司发展壮大中对挑战和机遇的应对把握能力。

鲁班大楼是李国雄第一次也是唯一一次涉入房地产市场，如果说以前的工程为鲁班公司赢得了声誉，而鲁班大楼为公司赢得了实实在在的第一桶金。对于很多人来说，也许有了这次成功的尝试，会对公司的经营模式有所调整。但是，李国雄依然保持清醒的头脑，他没有受眼前利益的诱惑，盲目地向房地产——这个后来备受争议的产业——进军，而是依然把公司定位为民营科技企业，依然在“挑战建筑业世界难题，专治建筑物奇难杂症”的口号下，把公司的重点放在科技攻关与技术创新上。

在他看来，在当下市场经济还不成熟的环境中，一个企业要保持独立的人格，必须进行科技创新，拥有独门绝技。

在他看来，一个企业家成功的，不仅要看他的财富积累的多少与速度，更应该看他对社会的贡献和担负的社会责任。

在他看来，一个企业要走得更远，就要恪守自己既定的目标，保持自己鲜明的特色和核心竞争力，才能在激烈的市场竞争中立于不败之地。

正是对既定目标的坚定追求，使李国雄走出广州、广东，迈向全国乃至世界建筑业舞台的中心。

正是对理想和底线的坚守，李国雄带领的鲁班公司义无反顾地承担起更多的社会责任，这也为他们赢来无数荣誉和掌声。

都说商场如战场，无论是面对技术工程的挑战，还是面临企业发展的重大决策，有了雄厚的知识积淀，李国雄就能高屋建瓴、从容应对，以敏锐的思维，做出正确的选择。没有谁能确保每次都能打胜仗，但在挫折和失败面前，李国雄却能巧妙地化危为机，走向成功。

商场又像一个大舞台，你方唱罢我登场。很多年后，当年和鲁班公司同台演出的“演员们”都退出了舞台，又有很多新秀登上了舞台。他们也许比鲁班公司更引人注目，但李国雄并不为所动，他依然坚信自己当初的决定是正确的，依然坚定不移地走着既定道路。鲁班公司追求的不是一时的春风得意，而是要在科技创新理念的支撑下把公司打造成一所百年老店。

三、长堤大马路电话大楼抢险

面对长堤大马路抢险工程中的巨大风险，有的人选择了回避，而李国雄选择了勇往直前，选择了作为一个优秀企业家应有的社会责任和担当。

1. 临危受命

“行，我马上赶到！”李国雄毫不犹豫地答应了。在他看来，铁肩担道义，是他对社会应尽的义不容辞的责任。

1996年9月20日，广州华灯初上。

古老的长堤大马路车来车往，很少有人注意到临街的广州长途电话大楼附近有一处施工围蔽；更没有人知道围蔽下方，珠江水从电话大楼下倒灌进施工基坑，工人们眼见水注越来越猛，基坑水越来越深，大楼基础有可能被冲刷出一个空洞，他们束手无策……

距长堤大马路不远的北京路一片繁华，五彩的霓虹灯装饰了都市的夜色，无数红男绿女在欢快的音乐中出现在街头，寻找各自的精彩；他们脚下是历经了宋、元、明三代的古道，静默了数千年……现代和历史在这个时空里以这样奇妙的方式交会着，没有人意识到不远处的危机。

人群中，李国雄、李小波夫妇两人，牵手闲逛。

置身闹市，李国雄却始终觉得自己在人群之外，“可能是跟钢筋混凝土打交道太久，都不食人间烟火了！”李国雄暗笑自己。的确，自公司成立以来，他一心扑在事业上，满脑子都是工程和科研的事，很少享受如此闲暇的时光。

看到李国雄有点分神，李小波拉了拉他，指着街旁的一家酒楼说。“听说这家泰国餐馆是刚开的，我们进去尝尝，看味道如何？”

“好啊，吃久了盒饭，现在估计吃什么都是香的。”李国雄向妻子打趣。这一段时间，公司业务忙，李国雄和李小波整天奔波在工地和公司之间，吃的都是和工人一样的盒饭，很久没有单独的二人世界了。

两人径直走进饭店，菜刚上齐，“叮叮当当”，李国雄的手机铃声打破了温馨的时光。

“喂，是李总吧！”电话里传来广州市建委建筑业管理处处长急促而焦急的声音，“我们现在遇到了麻烦，你能否火速到长堤大马路的电话大厦来一趟？”

长堤大马路位于广州市珠江北岸，自广州开埠以来就是商家云集之地，在广东有如上海外滩一般的地位。著名的老字号就有大三元酒家、大公餐厅、先施公司、华厦百货公司、海珠大戏院等。虽然这里已辉煌不再，但那些带着岁月痕迹的建筑物，还在无言地诉说着百年的沧桑。

广州长途电话大楼，老广州更是熟悉，在通信不发达的时候，市民要打长途电话，都要到这里来。就在前几年，李国雄还常陪母亲到这里，与在德国的舅舅通电话。

电话里，那个处长三言两语介绍了事故的简要情况。市建委领导亲赴现场，并且这么晚亲自打电话搬救兵，事情肯定紧急。

“行，我马上赶到！”李国雄毫不犹豫地答应了。在他看来，铁肩担道义，是他对社会应尽的义不容辞的责任。

“不好意思，今天又不能陪你逛街了。”李国雄看着妻子抱歉地说，上次陪她逛街还是什么时候，一年前？两年前？

“不能逛街，那我们就一起去工地吧。”李小波曾经说过，能看着李国雄，能和他一起忘我地工作，就是一种幸福。

两人马上奔出饭店，拦了个出租车，直奔长堤大马路而去。

10分钟后，李国雄赶到了位于长堤大马路海珠大戏院对面的广州长途电话大楼抢险现场。

眼前的场景，把李国雄吓了一跳。

长堤大马路海珠花园基坑涌水堵漏抢险工程

在离10层高的广州长途电话大楼前不足1米的地方，垂直挖了一个40米宽、70米长、深达13米的巨大深坑，在两架大功率卤素灯的照射下，深坑里用来防止珠江水回灌的支护墙柱之间，4条巨大的水柱穿过大楼的地基，夹杂着黑色的泥沙猛烈地向外喷射，仿佛4条张牙舞爪的黑色水龙，在强光的照射下显得格外狰狞。在水流的冲击力之下，深坑内的空洞还在不断扩大，临近的长堤大马路路面已经开始出现明显的沉降。

长堤大马路岌岌可危！

附近的电话大楼岌岌可危！

周边邻近的老建筑岌岌可危！

电话大楼是栋老建筑，由英国工程师于1932年设计建造。按当时的技术，建筑物的地基非常简单，就是通过在地面打下数根5米长的木桩作为桩基，再在桩上浇灌一根条状基础，承托起整幢10层高的大楼。60多年的风雨已经让这栋古老的建筑染满了风霜，而现在连续3天珠江水对其地基无情的冲刷，更是让它不堪重负，危在旦夕！

晚上9点，还是大楼的营业时间，大厅里三三两两的顾客在打电话、发电报，完全没察觉咫尺之遥的危机！

“这是怎么回事？施工的公司呢？”李国雄擦了擦额头的冷汗。他从施工常识判断，事故肯定是建筑施工造成的，他要找公司的负责人进一步了解情况。

“我们总经理出差了，联系不上。”旁边一位组长模样的人说。

“跑路了，”建委的那个处长毫不客气地说，“跑了和尚跑不了庙，大楼要是有什么意外，他们是要坐牢的。”

原来，电话大楼旁边的广州市某国际中心大厦在挖掘 13 米深的地下室基坑时，意外地造成了支护墙桩结构的破坏，导致珠江水从支护桩缝之间大口径漏水。原施工方为一家挂靠某国有大型建筑公司的香港公司，他们紧急组织人员抢修，却一直不能堵住管涌口；不得已，施工方向上级主管部门广州市建委求助，由市建委出面找到某专业化学灌浆公司组织抢险，由于抢险难度大，该公司连续 3 天奋战，仍然宣告失败。

眼见涌水越来越厉害，情况越来越危险，在场的人都已经丧失了信心，联合施工方香港公司的老板居然不辞而别，脚下抹油——溜了；化学灌浆公司的负责人也借口出差，任别人怎么联系都不接电话。

现场没有“指挥员”，群龙无首，留下的工人、技术人员根本不能开展有效的抢险施工。情况紧急，市建委四处联系，但没有一家公司愿意蹚这趟浑水，万一抢险失败，出力不讨好，反而砸了自己的招牌。

千斤重担，谁来挑？

这时，有人想到了李国雄和他的鲁班公司。

出道多年的李国雄和鲁班公司这时已经完成了多起危房的抢救工作，在业内口碑极佳。但是，在这种情况下，一个民营企业家愿接下这个烫手的山芋吗？抱着试试看的想法，他们拨通了李国雄的电话。

当李国雄到达事故现场的时候，管涌已经造成了长堤大马路和邻近建筑物地下大量水土流失，引起了建筑物墙体开裂、地面下陷。而且由于事故已经发生了 3 天，电话大楼下面的基础很可能已经产生了严重的空洞，这幢 10 层楼的楼房用的是线条形的基础，再加之支撑的只有 5 米深的木桩，整栋大楼可能随时都会有危险。

广州市主管建筑的副市长、市建委主任、市房管局局长等相关政府部门的领导都已经到了现场，每个人都是脸色凝重、忧心忡忡。这次危机非同一般，大家做好了最坏的打算。

“你们‘鲁班’能不能干？敢不敢干？”市建委主任直接了当地问李国雄。

李国雄围着深坑查看许久，说：“可以一试！”

李国雄的声音不大，但让在场的所有人都精神为之一振。

李国雄继续说："我们愿意尽全力抢险，但是，我要提前向各位说明，我们并没有十足的把握能挽回大楼，所以……"

"万一抢险失败，楼房倒塌，与'鲁班'无关，"建委主任接过了李国雄的话，"你们全力抢救，注意安全，其他的不用管！"

副市长也表态说："楼房不倒，损失都是能计算的；如果楼倒了，这个损失是无价的。你们要不惜一切代价，动用一切技术和力量进行抢救，堵截涌水漏水，制止险情，确保电话大楼和周边建筑物的安全。"他赋予李国雄抢险现场总指挥的权力，要求所有抢险人员统一服从李国雄的调遣，政府相关部门要全力配合鲁班公司，为抢险提供一切便利条件。

市建委做出相应部署，所属各处室领导24小时轮流值班，及时汇报情况，做好协调工作，抢险需要的人员设备要尽全力给予保障。

险情面前，李国雄挺身而出，临危受命，惊心动魄的抢险就此拉开序幕……

2. 调兵遣将

对于自己苦心浇灌培育的这枝奇葩，李国雄他何尝不知道其间的不易与艰辛，何尝不知道应该倍加珍惜和呵护。

看着电话大楼灯火通明的营业大厅和楼上写字楼里透出的星星点点的灯光，抢险总指挥李国雄发出了第一道指令："请公安方面协助，封闭长堤大马路部分路段，将抢险现场无关人员清场，疏散大楼人员，最大限度避免可能出现的人员伤亡。同时，清理大楼首层，方便工人进入现场施工。"

李国雄的指令以最快的速度得以贯彻执行，穿着反光背心的警察很快在现场拉起了封锁线，并逐层清理电话大楼里的人员，施工现场的无关人员被劝离。

看着电话大楼的灯光逐一熄灭，李国雄的心情稍稍舒缓了一点，至少，在最坏的情况下，人员的生命安全得到了保证。

在请求公安清场的同时，李国雄和李小波分头打电话，一面调公司抢险经验丰富的技术人员，一面命令离电话大楼最近的两个工地暂时停工，迅速把工人和设备拉过来。

这是李国雄发出的第二道指令，没想到当李国雄打电话给公司副总经理兼总工程师的时候，这项指令却遭到强烈的反对。

“李总，我坚决反对公司承接这样的工程，这会把公司拖向深渊。”副总激动地说。

李国雄早就料定公司内部会有不同的声音，但没有料到，这种声音是来自他的副手，并且如此强烈。

不等李国雄接话，副总接着说：“有三个理由，第一，这样匆忙地介入突发事故，又没有签下正式的书面合同，工程的费用能不能得到保障、何时能拿到，还是未知数。第二，就算工程费用有保障，但附近工地工程突然停工，对原定合同计划造成影响，公司事后付出的高昂代价，这笔费用谁来承担？第三，抛开那些经济上的损失不说，公司最大的风险在于，目前事故现场情况未明，我们也没有做过预勘探，抢险存在很高的失败的风险，万一失败，进场的各种工程机械血本无归不说，退一步，就算人财不伤，名气也伤了，因为大楼倒在‘鲁班’手上，我们苦心经营多年的‘鲁班’招牌就算是砸在这了。”

他越说越激动，最后声音颤抖着说：“李总，说到底，我们是民营企业，不比国有企业。他们背后有靠山，失败了可以重新来过；而我们是‘后娘养的’，自生自灭，输不起啊！李总，你可要冷静三思，不能凭一时义气，将公司带上一条不归路啊！”

最后几句话实实在在戳到了李国雄的痛处。

经济学家吴敬链说：“中国诸多问题的根源，就是因为在很多领域，都是放一块留一块造成的。”放开，给鲁班公司提供了生存的空间；保留，又让鲁班公司一直在国有企业和私营企业的夹缝中求生存。李国雄常说，鲁班公司是在夹缝中成长起来的民营科技企业的一枝奇葩，鲁班公司能走到今天，是他和战友们共同苦心经营多年的结果。可以说，这枝奇葩凝结着他无数的心血和汗水，他对公司的热爱、对鲁班的感情，是任何人都无法比拟的。在某种程度上，他甚至愿与鲁班公司同生死、共进退。

对于自己苦心浇灌培育的这枝奇葩，李国雄他何尝不知道其间的不易与艰辛，何尝不知道应该加倍珍惜和呵护。但珍惜，不代表无原则的溺爱；呵护，不代表永远将其养在温室里。公司要成长为优秀企业，就必须经历摔打、历练，就必须有勇于担当的精神，就必须敢于面对生与死的考验。养兵千日，用兵一时，如今国家财产正遭受损失，人民群众生命安全正受到威胁，如果此时临阵退缩，那才是愧对国家、愧对人民，那才是最大的失败、最大的耻辱！那才是砸了“鲁班”的招牌，让公司走向深渊！

李国雄深吸了一口气，坚定地说：“我同意你的观点，也理解你的想法，但现在我已经决定，不惜代价，参与抢险。我是公司的法人代表，一切责任我来承担，你现在的任务就是执行命令。”末了，李国雄又加了一句：“情况情急，我以后再找时间给你解释，也请你能理解和支持。”

“好，我马上去安排。”对方没有争辩，说完就挂断了电话。

民主是鲁班公司核心竞争力最重要的组成部分，在这个团队中，任何人都有发言的权利，包括提出不同见解和否定意见。有时为了一个方案是否完善、一个决定是否合理，双方可以争吵、拍桌子。但是，作为法人代表的李国雄有最后决定权，讨论时讲究民主，可以争吵，但方案或决策定下来后，就要坚决执行。

看着面色凝重的李国雄，一直站在一旁的李小波急切地问：“怎么样？”

“没事，他们马上赶到！”李国雄感激地看着妻子，他感谢妻子在如此凶险的环境中，和他并肩战斗，对他一如既往地支持。

“附近工地上的工人赶过来容易，但是设备要拆卸、装车，拉过来最少也要 3 个小时以上，我怕时间上来不及啊。”李小波担忧地说。

“所以要快啊，”看着面前深坑里疯狂喷涌的黑水，李国雄也是忧心忡忡，“这边我来想办法，你负责调遣公司力量，设备必须加紧运来，特别是我们改装过的专门用于抢险的特种设备。”

也许有人会问，工地上曾先后有两家公司进行抢险施工，为什么不用他们的抢险设备，而舍近求远呢？

原来，这两家公司都没有太多的抢险经验，用的都是常规设备。如今，大楼首层已经腾空，在紧急情况下，这些没有经过改装的设备，或者根本无法移到低矮的楼房中，或者是勉强能搬进去却根本没有办法在建筑物室内的狭小空间里作业。所以，李国雄特意吩咐要把公司改装过的专门用于抢险的特种设备运来。

安全，最重要的是安全。为了保障所有抢险人员的生命安全，李国雄发出了第三道指令，请市建委火速请专业测量队伍来担任第三方监测，24 小时监测这栋楼房和邻近楼房沉降变形的情况，定时报告，并根据这些数据判断楼房的危险情况。

作为有过长期土木力学专业教学经验和素养的李国雄很清楚，建筑物破坏倒塌会有一个过程，一栋建筑物在发生垮塌之前，首先肯定会产生很大的不均匀下沉，接着是下沉速率越来越大。比如，原来是1个小时沉降5毫米，如果发展到1个小时沉降1厘米就很可怕了。所以，保障工人生命安全的关键就在于判断电话大楼会不会倒；如果倒塌，什么时候会倒。这样以便在危险发生前，所有抢险人员能迅速撤离。

随着李国雄的指令一道道发出，各项抢险工作有条不紊地开展起来，虽然现场的气氛依然紧张得让人透不过气来，却不同于之前的绝望，人们第一次有了信心——大楼还有救。

3. 连续奋战三昼夜

这就是战友，是兄弟，是伙伴，是同志，平时为了不同的理念可以争吵、可以拍桌子，但关键时候却能抛开分歧、精诚团结、攻坚克难。

兵贵神速。有着丰富经验的李国雄知道，抢险行动一定要快。大楼随时都会倒塌，在市民的生命财产安全受到严重威胁的情况下，时间不仅是金钱，更是生命！必须在第一时间组织起有效的行动。

抢险工程不比正常施工，抢险指挥员要充分发挥现有人员装备的作用，也就是说要因地制宜，有什么能够用的就给予充分利用。而在所有的资源中，最重要的是人，鲁班公司的人马赶到还需要一段时间，现在能做的，就是把现场的工人组织起来，马上开始施工。

原施工方的工人在老板"人间蒸发"后，陷入了群龙无首的局面，几十号人就这么聚拢着，眼见不断扩大的危情束手无策。

现在，一分一秒都不能再耽误了。李国雄走到工人中间，当机立断朗声说："工友们，我是鲁班公司的总经理、这次抢险的总指挥李国雄。大楼危在旦夕，我们必须争分夺秒，才能战胜危险。现在，市领导已决定给予我们最大支持，鲁班公司的大队人马很快就会赶到。现在，时间宝贵，每耽误一秒，大楼就多一分倒塌的危险。你们的老板不在，我来指挥，行不行？另外，我可以负责地告诉大家，你们的生命安全是有保障的，只要我站在这儿就是安全的！我会同大家战斗在一起，我一定是最后一个离开。"

李国雄简短的战前动员，鼓舞了大家的斗志，也安定了军心。

"好！"工人们纷纷答应，作为造成管涌的施工方，他们的压力也很大，也最想做点什么来挽回损失。

“那大家听我的，马上开始挖土方，装沙包，用沙包堵漏！”李国雄很快进入了角色。

“李总，我们试过了，水流太急，沙包扔下去就被冲走了，根本堵不住。”有工人直接把意见提了出来。

“扔沙包不是为了彻底堵住流水，”李国雄解释说，“我们的目标是通过大量的沙包阻塞水流的道路，沙包越多越密，水流的距离就越长，带来的冲击力越小，水里面大量的泥沙也就会被过滤。现在最大的危险，是水里含有大量泥沙，这些泥沙大部分来自大楼地基，照此速度，地基很快就会被掏空。如果水里的泥沙大部分被我们投的沙包过滤掉，大楼地基的破坏程度就会大大减轻。”

这个决定是李国雄仔细思考过后做出的。

李国雄估算，当时珠江水位低于河堤 3 米，而坑深 13 米，也就是说两处水面落差约 10 米，这会形成巨大的压力。珠江水是活水，随时能补充，致使水压一直保持。

巨大的水压使水流速度很快，冲击力巨大，会将大楼、长堤大马路甚至邻近建筑物地基基础里的土层全部冲走，建筑物桩柱失去了土层的支撑和摩擦，势必会造成大楼的倒塌。李国雄清醒地认识到，地下涌水不可怕，可怕的是流出的一直是黑水，这意味着流水中含有大量泥沙，说明建筑物下的泥土一直在流失。但另一方面，李国雄认为，巨大而稳定的水压也不完全是坏事，因为它能始终给地面大楼固定的浮力，只要地基土能保留，大楼就不会因地基的破坏失去支撑而迅速倒塌，这个判断很重要。

在此基础上，李国雄决定抢险分两步走：第一步，迅速安排工人用填沙包的办法，将水流里的泥土过滤，最大程度上减小流水对地下土层的破坏；第二步，等鲁班公司经过改装的打孔机、灌浆机等特种设备运来后，在涌水口正上方的电话大楼的大厅内向下钻孔，一直打到管涌处，再往里面注入速凝剂，也就是行话里说的“骨料”，像点穴一样直接在孔洞里填充堵漏。

把复杂的问题简单化，是抢险成功最重要的一环，所谓大巧若拙，正是这个意思。这种看似信手拈来的简单，不是攻其一点不计其余的鲁莽，而是要抓住问题的关键，对事物主要矛盾提纲挈领性的反映，这种简单是扎实理论基础的升华提炼，是丰富实践经验的厚积薄发。

给工人交代清楚了目标，他们才有努力的方向，才会发挥最大的潜力和创造力。李国雄习惯用这样的方式，带自己的队伍。而此刻，面对其他公司的工人，这种方法同样有效。工人开始紧张地挖土、装沙包，一袋袋的沙包被抛向了深坑中 4 个管涌口。

第三方监测公司的首批数据报到了李国雄的手上，电话大楼半小时内下沉了 2 毫米。按国家规定，建筑物半年下沉不能超过 2 毫米，而现在半小时就达到了这个数字。送数据来的工作人员神色紧张，他哪经过如此惊心动魄的场面。但李国雄根据他的经验判断，险情还在可控范围内。

很快，鲁班公司的第一批技术人员和工人赶到抢险现场，他们有的明显是从床上被直接叫过来的，一件薄外套里就穿了件做睡衣的大 T 恤。看到戴着安全帽，一身汗水、泥浆的李国雄和李小波夫妇，他们二话没说，赶忙投入紧张的抢险工作。李国雄的眼睛有些湿润了——这就是战友，是兄弟，是伙伴，是同志，平时为了不同的理念可以争吵、可以拍桌子，但关键时候却能抛开分歧、精诚团结、攻坚克难。

其实，每个单位、每个人都有自己的利益和打算，但有些时候，小集体的利益为了更大的群体、更多的人的利益让步，在社会急难险重的抢险任务面前，凡是血性男儿，都不会无动于衷。这就是人类社会不断向前发展的原动力。

第二批、第三批人员也陆续赶来了，工程设备也陆续运到了，工人们马上开始装卸设备，安装调试，投入紧张的抢险工作中。

开始，扔下去的沙包很快就被湍急的水流冲走了，随着抢险队伍的壮大，一个个沙包被抛下去，越积越高，虽然能够堵到涌口不被冲走，但从沙包里流出来的水还是触目惊心的黑色！

“大家加把劲，不要停，继续堵沙包！”李国雄一边和工人一起填装搬运沙包，一边给大家加油鼓劲。

与此同时，按照李国雄的部署，鲁班公司的各种特种设备也全部到场架设完毕，抢险第二步工作迅速展开，勘探管涌位置，打孔灌浆，加固地基。第二天早上 7 点，“鲁班人”顺利打出了第一个钻孔。

事实证明了李国雄的判断，钻孔机钻透地表 6 米后，钻头没有遇到任何阻力，就直达 13 米处。这说明大楼地基从 6 米到 13 米之间已经完全空洞了，大楼基础已经基本被破坏了，只是由于水压稳定，暂时还处于一个平衡的状态，但随着进一步的冲刷，倒塌随时有可能发生。

“马上灌浆！继续打孔。”李国雄一直守在施工现场，看到打孔顺利，嘶哑着嗓子吼道。

第一次灌浆没有达到预期效果，地下管涌已经形成了规模，水流太急，白色的速凝剂还没有凝固就被冲了出来，李国雄看到从沙包里渗出乳白色的水流，心里咯噔一下。

“没有成功！”现场的情况超出了李国雄的预料，这是因为骨料的凝结速度赶不上水流的速度造成的，马上更换另一种凝结速度更快的材料。幸好，防水补强也是“鲁班”的强项，各种设备不断到场，多种规格型号的钻孔机、灌浆机与速凝剂都能供应上来。

在打孔灌浆的同时，室外的垒沙包堵漏的工作也一直没有停下来，工人们不停地把沉重的沙包抛到坑中，一天的时间，深坑里的沙包已经堆得像小山一样冒了尖，从沙包里渗出的混合着乳白色速凝剂的黑水渐渐变淡。

在离喧嚣的地面 6 米左右，从珠江涌出的水柱一头撞到了刚刚注入的、迅速发生凝固的速凝剂上，不得不减慢了自己的脚步，四下找寻新的出路，却又被层层叠叠的沙包阻隔、分散，等到冲出重重的包围后，已变成了原色的涓涓细流……

“水变清了！”第三天的早上 10 点，现场有眼尖的工人兴奋地叫了出来。

水终于清澈了，流量也明显减少；同时，监测公司送来了最新的监测结果报告，大楼沉降速率正在减缓……

看到这些，李国雄心里的大石头终于落下来了。

好消息一个接一个，室内负责灌浆的技术人员报告，灌浆机的压力表显示，地下空洞已经填充完毕，电话大楼地面的土层有的地方都被地下的填充物挤得拱了起来。

电话大楼又有了足够的支撑，抢险工程终于取得了初步的胜利！

李国雄马上组织队伍对电话大楼进行加固施工，等到工程全部结束，已经是第三天的深夜。

整整三天三夜，李国雄就没有离开过抢险现场，一直在最危险的第一线和技术人员、工人们一起紧张工作。李小波爱惜丈夫的身体，特地从公司要了一辆面包车停在电话大楼外面，让李国雄有时间就能进去打个瞌睡。而此时，奋战了三天三夜、精疲力竭的李国雄终于再也支撑不住，一下瘫倒在地。

李国雄事后回忆说，三天三夜的时间一晃就过去了，他甚至都没有感觉到时间的流逝，满脑子只记得那狰狞的黑水，只记得那挥汗如雨的工人，只记得那轰鸣的灌浆机；他还记得自己忙前忙后，嗓子喊哑了，就声嘶力竭地吼，以至于工程结束后的几天时间里，他一句话都说不出来。

鲁班公司因在抢险工作中的突出表现，受到了广州市建委的通报表彰。

李国雄用自己的实际行动，诠释了什么是优秀企业家的社会责任，什么是顶天立地好男儿的担当！

不是冤家不聚首。第二年，广东省科学协会举行“十大优秀科技企业家”的评选活动，在第一轮投票中，鲁班公司总经理李国雄和某国有企业的负责人票数相同。后来，评审组了解了李国雄在上述抢险工程中的表现，进行了第二轮投票，评审委员会对两人材料进行重新审核，李国雄以绝对的优势当选“广东省十大优秀科技企业家”。

你付出了，就会有收获。

四、也门国家航空公司办公大楼修复加固工程

当时，也门工业落后，许多工程都缺乏技术指导，一些建筑行业、科研机构听说总统请来了中国建筑界的专家维修国家航空公司办公大楼，纷纷向李国雄发出邀请函，请他来指导工作、参加研讨会或讲学。

1. 会晤也门总统特使

李国雄对科学的执着让特使十分感动，李国雄的博学多才也让特使十分钦佩，他赞美真主让他在异乡遇到了知音，对李国雄的称呼也由“Mr Li”变成了“Professor Li”。

2005年5月的一天，一位阿拉伯裔高个男子，踏入鲁班公司的会客室。他西装革履，温文尔雅又不失精干，举手投足间透露出与众不同的气度和风范。

虽然前一天李国雄已经接到市政府的电话，做好了迎接也门总统特使的准备，但是，第一次近距离地接触中东人，还是让他稍稍有些惊讶。这位特使40岁上下，皮肤黝黑，棱角分明，眼神深邃。更让李国雄意想不到的是，这位阳光帅气的阿拉伯男子，开口讲的不是阿拉伯语，竟然操一口地道流利的英式英语。

特使家世显赫，不但与总统家族同宗，还共同掌握着也门的政治命脉与经济命脉。他从英国学成归来后，先在也门大学当教师，并管理家族公司事

务；后来因表现出众，被选调到总统身边当助手。

一番寒暄，双方转入正题。特使郑重地告诉李国雄，他此次来中国的目的，就是要物色一家实力雄厚、技术过硬的建筑公司，对刚被大火烧毁的国家航空公司办公大楼进行维修和装饰。

原来，阿拉伯联盟计划于2006年4月在也门召开航空工作联席会议，其中一个重要议题就是要讨论阿拉伯联盟国家通用电子机票的实施方案。但没有料到，就在会议筹备的紧张期间，一场大火把国家航空公司办公楼给烧了。也门国家航空公司办公大楼高12层，是当时也门最高也是最体面的建筑。为了不影响次年召开的航空工作联席会议，也门政府责成有关部门以最快的速度将烧毁的大楼修复。

也门国家航空公司办公大楼原由意大利一家建筑公司设计建造，国家航空公司有关人员第一时间与这家公司取得联系，孰知该公司报了一个天价数目，甚至比拆后重建的成本还要高昂。航空公司将此事上报总统，总统认为这家公司有趁火打劫之嫌，决定向友邦中国寻求援手，并通过外交渠道向中国建设部发出求助信息。经过对全国建筑公司的权衡比较，建设部推荐了三家公司，鲁班公司就是其中一家。

特使带着总统的嘱托，专程赶赴中国对这3家公司进行考察洽谈，鲁班公司正是他拜会的第二家公司。李国雄没有急着进入正题，而是跟特使谈起了阿拉伯和伊斯兰文化。“阿拉伯人民与中国人民之间的友谊可谓古老而悠久。早在公元2世纪，伊斯兰教两大宗派之一的逊尼派，随着‘丝绸之路’和‘香料之路’的开辟，在中国得到广泛的传播。”李国雄遂将伊斯兰教在中国唐、宋、元三代的传播路线与传播方式等一一道来，还引述了一些《古兰经》的教义。

特使惊叹连连，好奇地问：“Mr Li，您熟识我们的文化与宗教？”

李国雄笑说：“熟识不敢说，但略知一二。几年前，我参与广州怀圣寺光塔修复方案的讨论，为了便于工程的开展，我对伊斯兰文化进行过研究，有幸结识了广州伊斯兰协会会长，并成为好友。通过交流研究，感觉伊斯兰文化博大精深，使我受益匪浅。”

特使兴奋地说：“光塔，我知道，我到广州第一件事就是去那里做祷告。”

共同的话题使两人一见如故，李国雄向特使讲述了几年前参与论证怀圣寺光塔修复工程的情况。

2002年，李国雄收到邀请，请他参加广州怀圣寺光塔倾斜维修方案的研

李国雄与也门总统特使的合影

讨会。广州怀圣寺建于唐贞观年间，寺名取怀念伊斯兰教创始人穆罕默德之意，是我国的第一座清真寺。

迎接李国雄一行的是已故大阿訇杨棠的女婿、广州市回族研究学会会长保延忠。他两鬓斑白，博学儒雅。保会长推开清真寺厚重的铁门，寺院的青草绿树就进入视野。第二道门楣上悬挂着“教崇西域”的牌匾，乃清朝皇室赐物。第三道门是望月楼的大门。木结构的回廊围出一个古朴的小庭院。庭院居中的礼拜大殿，是三间歇山重檐绿色琉璃瓦，带有斗拱的古典式建筑，大殿边上的石阶护栏上还有宋元时期的石雕，有葫芦、扇子、伞盖等，有各种花草造型的图案，尽管这些图案历经岁月的侵蚀，但至今依旧栩栩如生、惟妙惟肖。

保会长介绍说：唐宋时期，广州是我国海外贸易的主要港口，阿拉伯商贾云集于此，他们被称为“番客”，“番客”聚集居住的地方被称为“番坊”。怀圣寺就是“番客”们于唐朝初年在当时的珠江沿岸修建起的第一座清真寺。3 000 多平方米的怀圣寺内，集中了唐朝以来各个历史朝代的遗迹，石碑、石刻、建筑，或者牌匾上都是中阿文化交流兼容并蓄的力证。

光塔位于怀圣寺的一角，是世界上现存不多的阿拉伯风情的古老唤礼塔之一，也是国务院公布第四批全国重点文物保护单位。相传是阿拉伯著名传教士阿布·宛葛素来传教时所建，塔高 36. 3 米、底直径 8. 85 米，地基厚 3. 6 米，塔身主要由砖石修砌而成，内外墁灰，笔直光滑，形似城堡，无层无栏杆，开有几个长方形小孔采光，具有典型的阿拉伯民族建筑风格。初建时，塔处珠江沿岸，除了作为伊斯兰教徒聚集地外，还兼具灯塔的作用，顶置导航灯，故俗称光塔。几百年间，沧海桑田，随着珠江三角洲的淤积，海岸向前推移，如今的光塔已位于广州闹市中心了。

塔脚南北各有一门，门内有螺旋形塔梯盘绕而上，到第一层顶上露天平台上出口处相汇。在平台正中又有一段圆形尖顶小塔。小塔原是金鸡飞翔，后来金鸡一再被飓风吹落。康熙八年（1669 年）被飓风吹落时，改为葫芦宝顶，晚近又改为橄榄形，现在的圆形尖顶小塔为1934年重修时所砌。

2002年，怀圣寺附近市民反映，光塔出现倾斜现象，尤其是大塔上面的小塔倾斜严重，甚至有随时倒塌的危险。市民的意见经媒体反映后，引起部分市人大代表及市人大常委会组成人员的关注。他们呼吁政府有关方面尽快确定检测维修方案，加强对光塔进行“确诊”，并“对症下药”，以便切实整治和维护。广州市文化部门向国家有关部门递交紧急情况汇报，并组织专家尽快实施抢救方案，最后由鲁班公司牵头，联合广州大学工程防震研究中心、广州市设计院两家单位，对光塔进行了全面彻底的检测，并提出应对方案。

李国雄和有关专家、技术人员一起经过广泛调查和深入论证，发现光塔倾斜早已是不争的事实。1961年9月27日由广州市设计院完成的《怀圣寺光塔斜度测量图》显示，此次测量与1959年7月18日所测的在上下距方面有明显的不同，结论是“正在变动”。2000年12月13日，由广州房屋鉴定事务所公布的测量结果也明确显示，主塔顶部与底部的中心总偏心量是947.97毫米，倾斜度为4.49%。此外，光塔的两大主体——主塔和主塔上的小塔倾斜的方向不一样。2000年底，主塔的倾斜方向是北偏西45°22′2″，而小塔的倾斜方向是北偏西63°0′5″，小塔的倾斜率远大于主塔的倾斜率。这些资料显示，小塔的倾斜现象在几十年前就已存在，为什么会这样呢？

原来，光塔塔基正巧在软土层上，天长日久导致塔身发生倾斜。光塔存在倾斜，这一现象毫无疑义，但需不需要维修，以李国雄为代表的一批专家的调查结果显然与此前部分专家的说法不同。李国雄认为：“光塔的倾斜不可能朝夕形成，它是一个千年的历史事件！且小塔的倾斜可能在建时就已经存在了。尽管光塔倾斜了，但危险不大。”基于这种认识，广州市人民政府邀请李国雄和华南理工大学建筑学院冯建平教授一起参加新闻发布会，对全国重点文物保护单位怀圣寺光塔的现状进行通报：“塔身上的裂缝基本上是塔外水泥批荡鼓裂，不属于结构上的问题。目前，光塔的结构是稳定的，没有险情。”

短短的几句话却蕴含千钧分量，肯定的回答中凝聚了铁肩担道义的社会责任。有人提醒李国雄，万一一场台风或暴雨将塔毁坏了，你的“英名”不也被毁了；还有人说李国雄应顺水推舟，说不定光塔的维修任务就由鲁班公司承担。但是，李国雄没有这么做，光塔维修与否应是科学监测得出的严谨结论，不应掺杂丝毫人为因素。如今10多年过去了，光塔依然没出丝毫问题，时间证明李国雄等人判断的前瞻性和科学性。

李国雄对科学的执着让特使十分感动，李国雄的博学多才也让特使十分钦佩，他赞美真主让他在异乡遇到了知音，对李国雄的称呼也由“Mr Li”变成了“Professor Li”。

“Professor Li”，李国雄很喜欢这个称呼。

一位诗人说过，越是形而下的就越是形而上的，一棵树长得越高，它的根就越深。李国雄爱哲学。如果说一般人都有自己的人生哲学，或有自己的哲学思考，而工科出身的李国雄却不满足于此，他是把哲学当作必修课认真研习。李国雄业余最大的爱好就是读书，他的阅读范围除了技术和管理专业书籍外，还包括文学、历史、哲学等。他的目标是永远做时代潮流浪尖上的一滴水，时代的潮流永远都是后浪推前浪，只有不断学习和创新，才能永远站稳在时代潮流的浪尖上。他对柏拉图的著作颇有心得体会，并拿来和中国的道学、儒学进行比较，有自己独到的见解。他说哲学的词义是动态的，哲学就是人生的意义，而且哲学与其他学科都是相通的；他能将很多哲学观点运用到企业管理中去，他以从书中寻找和发现新观点为乐趣。

随着公司的发展壮大，企业管理成为李国雄一个新的课题。他要求公司必须成为一个学习型的组织，而他率先垂范，从自己做起。他在暨南大学和华南理工大学旁听 MBA 课程 3 年，后又研读中山大学 EMBA 课程，2003 年又取得了香港浸会大学工商企业管理硕士。此后，李国雄又先后在中山大学、美国加州大学分别取得了哲学、工商管理博士学位。

李国雄，教师出身，知道学习的重要性，他主动学习新知识、接受新事物，通过头脑风暴给自己洗脑，让思维方式始终保持在时代前沿，这使他不仅成长为一位身经百战的特种结构工程专家，更成长为一位优秀的企业家，一位学识精深、温文尔雅的商场儒将。他被广州大学华软软件学院管理系聘为市场营销、企业管理兼职教授，被中山大学管理学院聘为硕士生校外导师。

所以，李国雄也很快适应了“Professor Li”这个称呼。

“Professor Li，假如航空大楼的维修工程交给‘鲁班’来实施，您考虑采取什么样的方式与我们合作?”特使把话题转入正题。

李国雄想了想，说：“根据你们所给出的图纸，我们制订维修方案，并提供核心材料设备、骨干技术人员。普通施工材料由你们负责在当地采购，具体施工也由当地施工队负责。出国人员的酬劳要是在中国的 3 倍，毕竟到达一个千里之外的陌生国度，工作时间长短也不能完全确定，发动人员有一定难度。这样成本就非常清晰。”

特使当即表示，施工工人可以在当地征集，但是由于也门工业不发达，一些普通的施工材料如钢材等，也需要鲁班公司在中国代为采购。李国雄认为可行，但需要收3%的代购费。特使同意。

价格透明，权责清晰，就在谈话的期间，李国雄就让工作人员做了核算，并报了价格。特使对这个报价没有任何疑义："我尽管是个建筑界的门外汉，但您提出的方案和要求都合情合理。凭您的开诚布公和博学多才，我看好这次合作。"

最后，李国雄又提出，由于是出国施工，鲁班公司还要先收一半的工程款。特使当即同意，并当场签订了工程合同。

"我还有一个请求……"

当两人用英语异口同声地说出同一句话时，都哈哈大笑，互相做了一个"请"的手势。

"我的请求是，这项工程一定要由 Professor Li 来带队，这样我可以一万个放心。"

"我的请求是，工程进行期间向你学习伊斯兰教的文化，了解中东风情；但如果不小心触犯了禁忌，请你不要见怪。"

"成交。也门再相聚。"

两双大手紧紧地握到了一起。

2. 有朋自远方来

一辆军车在前面开道，车顶上驾着机关枪，特使陪李国雄乘坐的三菱越野吉普车紧随其后，接下来是技术人员乘坐的中巴车，后面又是压阵的军车，车队威风凛凛穿过黄沙漫漫的萨那。

由于这是一项重大而紧急的工程，也由于这项工程凝结着中也两国之间互帮互爱的深情厚谊，所以，相关部门为此开设了"绿色通道"，也门驻中国大使馆也全力配合。签证以最快的速度办好了。期间，李国雄一刻也没闲着，他按照合同的规定，一面委托采购部购买所需材料、进行各项准备工作，一面反复动员"革命群众"。终于，19 名具有冒险精神的骨干人员被挑选出来后，"出征"的日子也就在眼前了。

也门有 3 000 多年文字记载的历史，是世界古代文明摇篮之一。位于其西南的曼德海峡，扼地中海与印度洋交通要冲，是欧亚非三大洲的海上交通要道，战略位置极为重要。但由于自然环境和其他原因，造成也门社会经济发展相对滞后，粮食常不能自给；加上政局不稳，各部族势力与各派武装力量盘根错节，为恐怖主义滋生营造了土壤。尽管特使一再告诉李国雄，不要为安全问题担忧，因为在阿拉伯人的眼中，西方列强才是敌人，而中国是永远的好朋友，并承诺绝对保证中方技术人员在也门的安全，但要说服技术人员到也门工作，李国雄还是费了不少心血，这也是他坚持要付3倍酬劳给技术人员的原因。

当时广州到也门没有直航路线，李国雄一行清晨便前往香港，由香港乘飞机飞往泰国首都曼谷，再转机飞阿曼，傍晚时分到达马斯柯特，下榻香格里拉大酒店休息一晚后，第二天继续飞了两个多小时，终于到达也门首都——萨那。萨那位于也门中部广阔肥沃的高原盆地，1990年也门民主人民共和国与阿拉伯也门共和国统一后，萨那成为统一后的国家也门共和国的首都。

一下飞机，"落后"两个字不约而同地闪现在大伙儿的脑海里，偌大的国际机场，设备极其简陋，顶多也就我国一个普通地级市机场的水准。不远处，一队身穿迷彩制服荷枪实弹的大兵，正威风凛凛地迈着整齐的步伐向刚着陆的飞机跑来。大家都"恐慌"起来，担心飞机上是不是隐藏着恐怖分子。

李国雄急忙致电特使，得到的回答是这些士兵是专门来迎接工程队的。大伙儿的情绪马上戏剧性地来了个180度大转弯。等大兵们列好队，特使便阔步走来，只见他一改西装革履的精干装束，身着制作精良的阿拉伯传统白袍，佩以金色圆环装饰的绿绸腰带，高贵中透出飘逸。更引人注目的是他所佩戴的腰刀，刀壳绿色的皮套上镶着黄金雕花，与腰带仿佛浑然一体，刀柄以一圈黄金点缀，饰角颜色由深逐渐变浅，直至玻璃般的透明，俨然一件珍贵的艺术品。也门腰刀的制作技术可溯源到几千年前，是也门古代文化的象征之一。过去，也门人常常佩戴腰刀以自卫，而今演变为饰物，成为男子装饰的重要部分；在一些重要的喜庆场合，他们也会挥起腰刀，聚众行歌。李国雄后来才知道，特使这把腰刀正是最为昂贵的赛伊法尼腰刀，由犀牛骨做成，有上千年的历史，价值连城。

一行人在卫兵的保护下，从贵宾通道离开机场。一辆军车在前面开道，车顶上驾着机关枪，特使陪李国雄乘坐的三菱越野吉普车紧随其后，接下来是技术人员乘坐的中巴车，后面又是压阵的军车，车队威风凛凛地穿过黄沙漫漫的萨那。这里虽然是也门的经济、政治、文化中心，但和一个小县城的规模差不了多少，光秃秃的红山随处可见，建筑物普遍是两三层的石头房，只有极少数是钢筋混凝土建造而成。城市绿化带非常少，灰蒙蒙的尘埃布满沿街的房屋。

街道上的人们都保持着阿拉伯古老的传统装束，男人头裹方头巾或戴着伊斯兰教的小花帽，身穿宽松肥大的长袍。妇女身穿被称为阿巴雅的黑色长袍，面蒙黑色薄纱，只露出一双清澈的眼睛。街道上毫无交通规则可言，人们对行驶中的车辆置若罔闻，开车的人更如同玩杂技一般，在人群中歪歪扭扭，缓慢穿行。李国雄此时才明白大兵开路的意义，没有他们，相同的路程至少要多花数倍时间才能通过。

车队很快穿越大半个城市，在一幢中东风情浓厚的三层小楼前缓缓停下。两辆黑色轿车停在楼房前面，车前迎风飘扬的五星红旗蓦地映入众人的眼帘，这是中华人民共和国驻也门大使馆的车。一股暖流在李国雄体内荡漾开去，身处异国他乡，才真正深刻感受到自己那颗滚烫的中国心。

原来，特使没有按照惯例，将李国雄一行送往旅馆，而是按照当地接待客人的最高礼仪，在家设宴招待远方来的客人，并邀请中国大使馆的大使及参赞共同参加。最先朝他们迎过来的是一位鹤发童颜的长者——特使的父亲，只见他中等身材，头上裹着浅蓝色的绸缎头巾，一袭质地上乘的白色长袍，彬彬有礼，得体又不失威严，一如古代阿拉伯酋长的贵族风范，李国雄甚至怀疑自己是否瞬间穿越到了《一千零一夜》的故事当中。长者的后面，是中国驻也门大使等人。

双方握手，互致问候，然后入席。宴席设在二楼，数米长的大地毯上，各种食物和水果摆得满满当当。李国雄一行、中国驻也门大使馆的有关人员，以及也门航空公司董事长、高级管理人员等按主宾位置围地毯席地而坐，特使的父亲请李国雄主刀宰羊，整场宴会隆重而热烈，他们以自己的方式热情地接待远方的朋友。

宴会结束后，李国雄一行被送往住处——一个被租下来的高档小旅馆，里面设施齐全，厨师还会做中国菜，门口有大兵站岗守卫，周到细致的安排让李国雄一行感动不已。

3. 友谊天长地久

临别那天，索菲娅小姐没有到机场送别，托人带给李国雄一个小木雕，是一个长发少女的侧面像。

也门国家航空公司办公大楼

工程于李国雄一行到达的第三天就正式拉开序幕。也门政府高度重视这项维修工程，特地在航空大楼旁边的一栋小楼里设了工程指挥部，并抽调了精干团队来协助李国雄开展工作，有大学教授，也有政府官员。团队中还有一位身份特殊的女子，她就是也门国家航空公司与鲁班公司的联络员——索菲娅小姐。索菲娅是典型的让人看一眼就怦然心动的中东美女，和普通也门姑娘不同的是，她上班时不穿黑色的阿巴雅，而是穿航空公司的制服，更显身材高挑。索菲娅不仅相貌漂亮，还是才女，除了母语也门话，还会讲流利的英文、中文。她曾留学中国，获得过"优秀外国留学生奖"，是也门极少数接受过高等教育的女性之一。留学归国后，索菲娅进入国家航空公司工作。

索菲娅的哥哥曾在英国留学。有一次，李国雄好奇地问索菲娅，为什么到中国留学，而不像她哥哥那样选择去英国留学。"因为我从小就向往古老神秘的东方文明。小时候我曾听家庭教师讲中国古代的诗，它音韵优美，又蕴含圆润的曲调；它发自肺腑，却又表达委婉，比如'关关雎鸠，在河之洲''青青子衿，悠悠我心''众里寻他千百度。蓦然回首，那人却在，灯火阑珊处'，都特别能打动人心。"索菲娅竟然不假思索地背了一连串的古诗词。

"没想到你连《诗经》都知道。"李国雄惊讶地向她伸出了大拇指。索菲娅看着李国雄诧异的表情，只是莞尔一笑，长长的睫毛随即垂了下来。

有了索菲娅这个得力的助手，李国雄和教授及官员们的沟通交流障碍大大减少了，解释图纸，协调进程，都比较顺利。也门国家航空公司大楼的修复加固，凭鲁班公司的雄厚实力，根本算不上什么难事，不存在任何技术上的难题。大楼多由圆形柱子构成，又因火灾毁坏程度严重，加固难度比方柱更大。但这对鲁班公司来说并非难事，李国雄早有对策，他让技术人员制作了一个圆形模板套在外端，借此固定圆形柱子。

虽然经过了一番精心筹划，但到了真正开工的时候，李国雄才发现自己还是碰上了相当棘手的问题，这些问题在国内根本无法预料，有些甚至令人哭笑不得。比如，也门当地提供的水泥见不到一份检验报告，无法知道水泥的标准是多少，水泥标号不够，无法做成高性能混凝土，势必影响工程质量。制造高标号高性能混凝土在中国是很普遍的，中国早已达到 C50、C60 的标准；但当时的也门没有这个能力，只能制造 C20 的混凝土。所以，李国雄让技术人员要对水泥材料重新进行检验。更头痛的是，经过检验后发现沙不合格，含沙比例非常大，李国雄只好带着技术人员在现场筛沙，把多余的泥过滤掉，再进行下一步工序。

有了这个教训，李国雄不得不谨慎地将其他材料都重新检验，以防出现始料不及的事情。他自嘲地对索菲娅说："看来我这个'总工程师'要被摘牌了，完全就是一个材料员嘛。"索菲娅不好意思地解释，说因为国家工业落后，给工程带来了麻烦。李国雄笑着说："这是给我们发扬国际主义精神提供了机会嘛。"

看着和技术人员一起忙碌工作的李国雄，索菲娅很是吃惊地问李国雄："在中国，这些粗活，您也亲自干吗？"

"这些粗活能够强身健体，磨砺意志。我在上山下乡时就经常干。"李国雄问："上山下乡知道吗？"继而背诵道："天将降大任于斯人也，必先苦其心志，劳其筋骨，饿其体肤……"

索菲娅摇摇头说："在我们也门，贵族是不做这些的。"李国雄便向索菲娅讲起了自己上山下乡时的经历，索菲娅听得津津有味。她忙前忙后，做些力所能及的杂活。

混凝土的延误导致工期十分紧张，新的难题随之又来了。合同上说明了劳动力由也门当地提供，但这些工人都是虔诚的伊斯兰教徒，每天做 5 次礼拜。听到召唤，一窝蜂地从脚手架上爬下来，开始祷告。其余时间，就是边干活边咀嚼卡特。卡特是一种灌木的叶子，看起来像绿茶，其汁液是一种低毒兴奋剂。多数国家把它作为毒品禁止入境，但在也门被广泛种植和食用。也门人认为，卡特有助于提神、提高思维能力，使人们忘却生活的艰难。为了加快施工速度，保证质量，李国雄又摇身一变，成了工人们的培训师，利用晚上空闲的时间，在工地上一遍遍地讲解、指导、示范。特使感叹地说，如果不是鲁班公司，如果不是李国雄，要在阿拉伯联盟航空工作联席会议召开之前，把大楼修好，简直是不可想象的。

经过一段时间的磨合，李国雄终于从“材料员”“培训师”等多重身份解脱出来，回归“Professor Li”的形象。也门工业十分落后，许多工程都缺乏技术指导，一些建筑行业、科研机构听说总统请来了中国建筑界的专家，纷纷向李国雄发出邀请函，请他来指导工作、参加研讨会或讲学。这些活动全由索菲娅陪同，担任翻译和助手。

索菲娅还带李国雄参观了中国援也烈士陵园。陵园位于萨那市郊的一片高地上，始建于20世纪60年代，面积达5 000平方米，是为了纪念中国援建也门唯一一条贯通南北的萨那—荷台达公路时牺牲的60多位中国工人而修建的。他们为谱写中也友谊的美丽篇章而献出了宝贵的生命，长眠在万里之遥的也门大地上。

走进庄严肃穆的陵园，首先映入眼帘的是两座高耸的纪念碑：一个是中式的，时任中国副总理兼外交部部长的陈毅同志亲笔题写了碑文“张其弦工程师之墓”；另一座是阿拉伯风格，上面书写的是也门文字。索菲娅指着不远处的红色岩石山，动情地说：“在这么恶劣的自然环境当中要建造一条公路，没有强硬的技术和庞大的资金，是无法完成的。正是这些英雄用生命诠释了伟大的国际主义精神，树起了中也友谊不朽的丰碑。也门人民是懂得感恩的，你们来到这里，会感受到阿拉伯民族对中国人民深厚的感情。”

索菲娅在中国读书时的学位论文题目是“中也关系现状与前景展望”。她说：“中国与也门虽然远隔千山万水，但中也人民之间的友好交往源远流长，早在1 400多年前，著名的‘海上丝绸之路’就将两个遥远的国度联系在一起。公元15世纪初，明朝大航海家郑和率领的船队曾经3次到访亚丁，现在那里还有一座郑和纪念碑。也门又是最早同新中国建交的阿拉伯国家之一，自1956年建交以来，两国在各领域都开展了合作。20世纪六七十年代，并不富裕的中国，坚持奉行国际共产主义义务，对也门进行无私的援助，帮助也门兴建公路、工厂、体育场馆以及医院、学校等民生项目，向也门派遣医疗队、技校教师、体育教练，并免费培养了一大批留学生。中国的这些帮助实实在在地惠及了全体也门人民。”

从索菲娅闪烁着熠熠光彩的眼神中，李国雄读懂了一个热爱中国文化、致力中也文化交流的伊斯兰姑娘的心声。李国雄也抓住一切空隙，向索菲娅请教阿拉伯文化和伊斯兰教文化。有一次，索菲娅问李国雄：“知道为什么我们的牛肉羊肉比你们的味道鲜美吗？”李国雄说：“是不是你们饲料更加环保?”索菲娅摇摇头：“在伊斯兰世界，屠宰牛羊是在凌晨进行的。那个时候牛羊还在梦中，很安详，没有遭受死亡挣扎的痛苦。”直到现在，李国雄吃牛肉羊肉都到清真商店选购。

工程步入正轨后，李国雄启程回国的日期也快到了。索菲娅来找李国雄，向他说：“Professor Li，您学识广博，是了不起的人物，不但维护过伊斯兰教的神圣光塔，现在又对也门人民伸出援手，是一位不可多得的伊斯兰教教徒的人选，您愿意入教吗，如果愿意，我可以做一个引见人。”

面对如此盛情，李国雄解释说，自己尊重伊斯兰教，希望多学习伊斯兰教知识，完全是一个学者对知识的渴求，但认同不等于信仰，还请索菲娅小姐原谅。

索菲娅又说：“在我们这个国家，伊斯兰教徒是不能与异教徒通婚的。您如果愿意留下来，并加入伊斯兰教，我愿意陪您……”

索菲娅的真诚让李国雄非常感动，但他还是婉拒了索菲娅的请求。李国雄说：我是中国人，事业、爱人都在中国，因一时的贪念而背叛他们是不道德的。他祝福索菲娅小姐生活幸福，并欢迎她到中国游玩。

看着态度坚决的李国雄，索菲娅没再说什么，只深深地叹了一口气。

临别那天，索菲娅小姐没有到机场送别，托人带给李国雄一个小木雕，是一个长发少女的侧面像。

2006 年 3 月，鲁班公司的技术人员们按部就班完成了所有任务，顺利班师回朝，同时带回了一块大牌匾；同年 5 月，也门总统访华，与中国国家领导人会面时，特别表扬了中国专家李国雄所带领的“鲁班”团队，为援助修复也门航空大楼所做出的贡献。

شهادة تقدير

تقديرا للجهود المخلصة التي بذلها المهندس/ جانغ جن سو في أعمال تقوية مبنى الخطوط الجوية اليمنية
بما تميز من مهارة فنية عالية وادارة تقنية من الدرجة الأولى فقد كان جادا ، مخلصا ، دقيقا ومتعاونا في عمله .
ويعتبر بهذا مصدر فخر واعتزاز لبلده الصين ولشركته لوبان . لذا نمنحه شهادة التقدير هذه بالنيابة عن
الخطوط الجوية اليمنية.

عن/
الخطوط الجوية اليمنية
مؤسسة أبو أحمد الحديثة للتجارة والصناعة

Appreciation Certificate

In appreciation of the efforts exerted by EN. ZHANG JIN SUO, engineer of Louban Co. to run the project of the strengthening works of the Yemeni Airways Building with high skill and first class technique, We would like to extend to him thank and appreciation.
During his work, he was skillful, sincere, cooperative ,strict and consider a Source of glory &honor for his country (China) and for his company (Louban) . therefore , We grant him this appreciation certificate on behalf of Yemeni Airways

Written in 25/1/2006

For/
Yemeni Airways
Abu Ahmed Modern Est. for Trade and Industry

也门国家航空公司颁发给鲁班公司的荣誉证书

五、丰田汽车城抢险改造

在丰田汽车城的抢险改造工程中，李国雄珍惜与日本专家在一起的机会，从他们身上学到了严谨科学、精益求精的工作作风；而鲁班公司的成功经验也让日本专家伸出大拇指：“‘鲁班’，行！中国，行！”

1. 光武的疑惑

李国雄的准确判断，令光武十分佩服，这为他与李国雄下一步的沟通建立了良好的互信基础。

2008年，中日合资兴建的丰田汽车城在广州南沙正式落成，为了庆祝这个国家重大项目正式落户广州，工程竣工后，举行了盛大的剪彩仪式，社会各界名流纷纷到场祝贺，各主流媒体也给予大篇幅报道。然而，整个项目交付使用不到一年，却发生了令人意想不到的事故——汽车城生活服务区地基下陷，大楼出现严重沉降，危及楼房主体的安危。

生活服务区是一个两层的正方形厂房，占地面积达到3 600平方米，如此大范围的地面都发生不均匀的下沉，中间下沉最为严重，最深处达25厘米，形成如同炒锅一般的形状，楼房的梁板柱都已经开裂。生活服务区负责整个汽车城的后勤供应，包括餐饮、休闲等。“三军未动粮草先行”，后勤保障无法正常工作，严重影响了汽车城的整体运作。

（广州南沙）丰田汽车城一隅

国家重大项目，工程完工不到一年就出现如此严重的问题，着实让各方都十分焦急。汽车城中方代表——总经理，马上聘请了某建筑公司，采取补救措施。该公司运用对基础桩进行灌桩的办法稳固地基，没想到在施工过程中，地面下沉和主体开裂均有进一步加速的趋势。

大楼"病情"控制不住，说明"药"不对症。在业内人士的推荐下，汽车城中方总经理忙向专治建筑物"奇难杂症"的李国雄和鲁班公司发出"会诊"邀请。

听说事态紧急，李国雄带领公司专家团队第一时间赶往现场。经过一番深入细致的调查研究与分析论证，提出两点意见：一是在没有准确弄清地基基础下陷原因之前，马上停止往地下注水泥浆的工作；二是由鲁班公司尽快勘查研究，提出具体可行的抢险方案。

中方总经理完全同意李国雄的观点，日方副总经理却提出不同的意见。

这家中日合资公司的管理体制比较特别，由于双方各占50%股份，其实行的是双否定合作模式。换言之，即管理过程中遇到的重大问题，只有双方都一致同意，决策才能实行；如果任何一方持否定态度，都会造成方案流产。因此，虽然中方代表身为总经理，日方代表身居副总经理，但实际上双方拥有同等的权力。

日方副总经理叫光武，他同意停止向地下注水泥浆；但对于由鲁班公司再提施工方案，并进行抢险施工的意见，他坚决不同意。这也难怪——国家重大项目不出一年就出现这样的重大问题；请来的抢险施工队，忙乎几天，却越忙越乱，不仅不能控制局势，地基下沉和楼体开裂趋势却在加速。现在又请来李国雄和鲁班公司，你们说他们是专治建筑物"奇难杂症"的"名医"，说它是知名的高科技建筑企业，但有什么能证明他们能够力挽狂澜，把一座严重变形的厂房恢复原状？

光武副总经理对中方施工队水平和能力持怀疑态度。他决定从日本本土聘请建筑专家前来"会诊"，费用由日方单独承担；对鲁班公司和李国雄进行全面调查，在此基础上决定他们下一步的去留。

工程就这样停了下来。

抢险本来分秒必争，但事态发展至此，是李国雄始料不及的。

多一天耽搁，就添一分危险。在等待的这段时间里，李国雄依然派技术员对大楼进行监测，并定时向他报告。送到李国雄手上的数据显示，大楼的沉降速度有异常变化，出于专业眼光和职业责任感，李国雄担心厂房的承台可能正遭受脆性破坏。

建筑物的破坏形式有两种，即柔性破坏和脆性破坏。柔性破坏，又叫塑性破坏，是由于外界压力，使建筑物变形过大，超过了其可能的变形能力而产生的。柔性破坏伴随着较大的变形发生，且变形持续时间较长，容易及时发现而采取措施予以补救，不致引起严重后果。而脆性破坏则与柔性破坏相对应，其断裂从应力集中处开始，塑性变形很小，甚至没有塑性变形。由于脆性破坏是突然发生的，没有明显的预兆，无法及时觉察和采取补救措施，其破坏危险性更大。

李国雄将勘测结果和自己的疑虑告诉了丰田汽车城中日双方负责人。他们根据李国雄的建议，马上命施工队在大楼柱子旁开挖几十厘米。情况果然如李国雄所料，柱子下边的承台已经遭到严重破坏。事不宜迟，鲁班公司立即对其进行抢修、补强，使承台得以恢复功能。

李国雄的准确判断，令光武十分佩服，这为他与李国雄下一步的沟通建立了良好的互信基础。

而此时，对鲁班公司的调查结果也送到光武手中。调查详细列举了鲁班公司自成立以来承接的各种重大项目、获得的专利等情况。调查认为，鲁班公司的确是中国建筑界实力较为雄厚的高新科技企业，在业界有着良好的口碑，其以整治建筑物的裂、漏、沉、斜为主攻方向，以“挑战建筑业世界难题，专治建筑物奇难杂症”为口号。调查还认为，鲁班公司的一些发明创造，学习借鉴了日本建筑领域的一些成果。

两个星期后，光武从日本聘请的建筑专家终于来了。

在与日本专家会商前，光武与李国雄进行了一次单独会晤，特意邀请李国雄与日本专家共同“会诊”，研究厂房抢险方案，并请求李国雄原谅之前的冒犯。

光武此次聘请的日本专家共7名，每人每天的酬劳约合人民币2万元，7个专家一天就要支付约14万元人民币。出如此重金，从日本聘请专家，可见光武对这一决策是多么慎重。

按光武的观点，钱不是问题，信誉才是最重要的。对于这个与中方的合作项目，总公司非常重视，让光武出任副总经理一职，说明总公司对他非常信任。可没想到，公司刚运营不到一年就出现如此重大问题，虽然责任不全在他，但如果此次再因错误判断造成决策失误，意味着将会失去总公司的信任，意味他在这家公司的职业生涯即将结束。

光武的严谨和坦诚打动了李国雄，同时也深深体会到了中日企业文化之间的差异是如此悬殊。

2. 给日本专家“上课”

日本是个多地震的国家，其建筑专家更多的精力是研究如何把楼盖得结实牢固，而对于如何处理建筑物的裂、漏、沉、斜等奇难杂症，并不是行家里手，尤其缺乏处理类似案例的经验。

7位日本建筑专家花了将近一个礼拜的时间，对大楼所有资料及现状做了详细的调查研究，又与原来施工单位进行过探讨，并形成初步意见。他们认为，楼房沉降的主要原因是设计本身存在严重缺陷，地基的沉降已对大楼造成严重的破坏，要对其进行修复几乎是不可能的。再者，对只有两层高的厂房修修补补意义不大，不如直接拆掉重建！

中方总经理表示，不到万不得已，坚决不同意将大楼直接拆除。也就是说，如果可以维修，就绝不拆除。理由很简单，此为国家重大项目，受到社会各界的关注，如果建成不到一年就拆除，会引起很大的负面舆论压力；另外，从经济角度来说，维修的费用肯定小于拆除重建的费用。

一名日方专家等中方经理陈述完毕，单刀直入地发问：“现在厂房破坏如此严重，如果不拆除，谁有能力对这幢厂房进行维修?”

日本是个多地震的国家，其建筑专家更多的精力是研究如何把楼盖得结实牢固，而对于如何处理建筑物的裂、漏、沉、斜等奇难杂症，并不是行家里手，尤其缺乏处理类似案例的经验。所以，在他们看来，如此严重的沉降，要对其进行修复几乎是不可能的。

中方经理转向李国雄说：“李总，抛开别的因素，从纯技术的角度，您觉得这栋楼还有救吗?”

“当然有救!”李国雄胸有成竹地说。

曾在建筑领域创造多项世界纪录、破解多个世界难题的李国雄，几乎每年都要参加建筑界的各种学术研讨会；这些会议有省市级的，有国家级的，也有世界级的。借助这些机会，李国雄和与会专家交流经验、互相学习，这使他的眼界始终保持在国内外建筑领域的学术前沿，从而对自己所从事的工作和研究有一个清醒的认识与定位。

在李国雄看来，世界发达国家建筑学理论实践，包括建筑特种材料的使用处理方面，都处于世界领先水平；但在房屋的维修和保护技术上，中国和意大利则有较明显的优势。中国的城镇化进程处于高速发展阶段，各种基础设施和高楼大厦建设如火如荼，有人形容整个中国是一个大工地；而意大利因为拥有很多文物古迹，需要定期进行维修和翻新，这为建筑理论和实践提供了有利的条件。1995 年，意大利比萨斜塔国际治理专业委员会主席、都灵大学的教授来到广州，与中国建筑界专业人士就文物建筑的保护进行经验交流，李国雄参加了交流会，两人还就一些观点交流看法。该教授把比萨斜塔的加固方案交给李国雄共同研究，并邀请他届时到意大利参观加固工程。1997 年，李国雄专程飞往意大利，观摩了比萨斜塔加固工程的施工现场。

正是因为具备了国际视野，李国雄对鲁班公司在处理建筑物“奇难杂症”方面的优势和特长充满了自信；正是由于具备了扎实的理论基础和丰富的实践经验，使他在处理建筑难题时信手拈来、胸有成竹。他拿出事先准备的小黑板，仿佛又回到当年做老师时的课堂，他一面画图、计算，一面神采飞扬、滔滔不绝地讲解起来。

李国雄同意日方专家认为楼房沉降的主要原因，是设计本身存在严重的缺陷。两层高的厂房，工程师算丢了一层荷载，这个原则性的错误，导致厂房建好不到一年就出现下沉。但同时李国雄又认为，虽然设计本身有误，但施工质量还是可靠的。他举例说，按正常情况，如果大楼的桩要承受 100 吨的力，现在由于设计失误给它压了 200 吨的担子，但它没有垮掉，可见桩的质量还是很好的。

李国雄说：“我仔细研究了大楼的沉降报告，特别是最近一段时间，这种‘锅形沉降’并没有加重，直到施工队进行注浆，摇动了桩基础，致使下沉加速。停工后，变形再次停止。这些现象说明，尽管设计存在严重失误，但施工质量合格。现在如果要对其进行抢险改造，对其地基和承台进行加固，应该是可行的。”

李国雄又向日本专家介绍，在他们到来之前，为了避免出现脆性破坏，对大楼地下承台进行了局部开挖补强。同理，只要把其他的承台恢复效能，补好基础，这幢楼就安全了。而中间的沉降部分，把它顶起来，使之水平，工程就可以大功告成。这样维修所产生的费用，与推倒重来的成本相较有天壤之别。

“中间沉降部分如何解决，按照当前凹陷的严重情况，把它顶起来，能百分之百恢复水平吗?”有专家提出。

李国雄解释说：“混凝土在外力的作用下产生形变具有两种状态，一种是塑性变形，即当施加的外力撤除或消失后该物体不能恢复原状的一种物理现象；另一种是弹性变形，即材料在外力作用下产生变形，当外力取消后，材料变形即可消失并能完全恢复原来形状的性质的物理现象。这个厂房跨度很大，如同一根细长、柔软的杆子，解除约束及施加压力，容易恢复到接近原来的水平。”

李国雄边说边算，还将之前完成过的类似案例一一罗列给日本专家以供参考。由于日本较少存在歪房裂楼，专家们虽然拥有先进的建筑技术，但缺乏医治建筑物“奇难杂症”的经验。李国雄扎实的理论基础、丰富的施工经验，加之有理有据的精彩论证，让日本专家大开眼界——但这真的能行吗?他们依然将信将疑。

最后双方在妥协让步的基础上，决定对大楼进行抢险改造，方案由中日双方专家继续会商决定，施工由鲁班公司负责。尽管他们对中国建筑施工水平持怀疑态度，但毕竟不可能千里迢迢从日本拉一支施工队来。

鲁班公司为对（广州南沙）丰田汽车城

进行抢险改造工程而绘制的裂缝观测图纸

3. 精益求精的方案

厂房地面全部水平恢复的当天，日本专家非常兴奋，特意开香槟为李国雄和鲁班公司的成功庆祝。

抢险改造的决策定下来后，日本专家并没有同意工程队马上进场施工，而是对方案进行了更严密的论证和完善。在这一轮持久的“车轮会议”中，李国雄见识了日本人的严谨细致。

第一次会议，日本专家一口气提问了近20个问题，涵盖了方案中的方方面面，李国雄仔细地一一作答。由于牵涉术语较多，翻译起来需要不少时间，中午也没有休息时间，大家匆匆吃个盒饭，坐下来继续研讨。会议结束，各自回去消化吸收。

一天后，日本专家的传真来了，上面注明了下次开会的时间地点，又密密麻麻地提了20个新问题，直接尖锐。如此一攻一守、一反一正，折腾了几次，李国雄有些不胜其烦了。在中国解决类似问题，通常是一个总工程师带着一个工程师，再加一个技术员，开一两次会，就可以出图纸，审核完毕，马上施工。但到了日本人这里，却陷入了无休无止地开会、研讨、论证，再开会、研讨、论证……

李国雄忍不住找中方经理发了牢骚。

中方经理听后，哈哈大笑说：“都怪我之前没给您打好‘预防针’，所以您没有心理准备。您看过日本的NHK电视台吗？”

见李国雄摇头，中方经理继续说：“这是一个家庭主妇看的节目，我也是在一个偶然的机会看到的，那次讨论的议题是为什么有人可以把西红柿切得整齐好看，而有的人却切得汁液四溢。主持人的态度就像做科学实验。首先提问，是刀的问题吗？拿两把一模一样的新刀，找一个厨师和一个普通主妇实验，结论不是刀的问题。第二步提问，为什么同样的刀，切出来的效果却不一样呢？于是他们在厨师和主妇身上贴了传感器来确定空间位置，这通常是用来拍3D电影的设备，得出数据后分析两人动作的不同，结论是用刀垂直和水平力不同，效果不同。你以为这就完了？不，他们在高速摄像机下，用刀切萝卜，仔细观察同一力量下，用两种不同的动作，萝卜的形变以及萝卜汁喷溅有何不同。如果你是家庭主妇，你肯定对这个技术印象深刻。”

李国雄听得目瞪口呆：“切个西红柿都搞得这么复杂。”

“我刚与光武打交道，也不太适应他的这种思维模式，后来想起这个电视节目，才恍然大悟。后来与光武交流，他给我讲了汽车车门把手的设计流程。”中方经理接着说：“车门把手，在常人眼里可能是一个非常不起眼的小部件，它与发动机等器械的重要性比起来，简直不值一提；但在日本公司，这就不是一个小问题了。首先，这个手把的位置应该放在哪里？左边还是右边，上边还是下边？移动一点行不行？移动的幅度可以是多大，1 厘米还是半厘米？他们都会仔细地研究并实践。选好了位置，他们又开始琢磨，把手是圆的、方的好，还是凹的、凸的好呢？如果最后的结果是弧形最舒适，那么弧度又应该是多少，20 度还是 30 度？都要一一研究、试验。弧度结果出来了，就开始考虑材质，什么样的材质有什么样的手感，通通都要实验一遍，弄得清清楚楚……这样一直反复实验、求证、打磨，精益求精，每一个设计都要经过十几道工序，每道工序又要经过十几次打磨，你说这样做出来的东西能差到哪里去呢！”

李国雄听完这一席话，深有感触，说：“要是你们的设计图纸有这一半程序，也不至于出如此纰漏了。”

他想起中学课本里鲁迅的作品《藤野先生》。鲁迅先生在留学日本的时候，就已经深切地体会了中日思维的不同。他回忆藤野先生：“从头到末，都用红笔添改过了，不但增加了许多脱漏的地方，连文法的错误，也都一一订正。”

如今，“日本制造”已经成为品质优良的代名词，世界 500 强中，日本企业的数量仅次于美国排名第二，为中国所熟知的品牌就有松下、东芝、丰田、索尼、本田、日立、日产、佳能等等。日本企业寿命也名列前茅，存活超过百年的企业数不胜数，能够拥有如此顽强的生命力和竞争力，自然也和这种精细思维和严谨细致的工作作风息息相关。“日本人是彻底的，而中国人则是适可而止的。”日本企业的管理非常严谨规范，有完善的企业管理制度与流程体系，执行力非常强。日本人这种严谨细致的精神被很多人用“愚蠢”来形容，但恰是这一丝不苟的精神成就了今天高品质、精工艺的日本产品。

“精益求精”“细节决定成败”的道理说起来大家都耳熟能详，但知易行难。从各种事实中不难发现，中国人的粗放与日本人的严谨形成了鲜明的对比。在日本，平均一年有大小地震 2 000 余次，台风海啸频繁，倒下的房屋少之又少；而在汶川地震中，中小学却多是“楼脆脆”，成为灾区倒塌最多的公共建筑。现在的这幢厂房，也是因为设计方的重大失误、监理方的严重失责造成的，与日本人的严谨细致相比无疑是一个巨大的讽刺。

李国雄回过头来细想，按照“鲁班”的专业水准，能够看到问题的实质并解决问题，快速准确，但的确不够完美。

此后，他更加珍惜与日本专家在一起的机会，更加严谨地考虑各种问题，一一补充疏漏，细细做好设计。维修方案就在鲁班公司和日本专家一正一反、一攻一守之间不断地深化，最终形成了完美无缺、无可挑剔的定案，也实现了光武“万无一失”的理想目标。

厂房地面全部水平恢复的当天，日本专家非常兴奋，特意开香槟为李国雄和鲁班公司的成功庆祝。一位专家向李国雄伸出大拇指说：“李先生，你说能把楼面恢复水平，但由于没有亲眼所见，还是将信将疑，现在我信了，佩服，‘鲁班’，行！中国，行！”

丰田汽车城抢险改造工程施工现场

附　录

广州市鲁班建筑集团有限公司发展大事记

1991 年　广州市鲁班建筑防水补强专业公司成立

1992 年　西沙群岛国防部重点工程地下水库喷射注浆封底设计及施工，是全国第一个用地下水池喷射注浆封底技术解决珊瑚岛问题的典型工程

1992 年　上海地铁软土旁通道加固工程，解决了全国首例深层软土旁通道开挖难题

1993 年　在华南理工大学设立鲁班奖学金，现仍继续设立；该公司成为华南理工大学教学实习基地

1994 年　德政中路 8 层楼房顶升纠偏工程，该项目研发的“一种建筑物断柱顶升纠偏方法”获广州市科技进步二等奖、广东省科技进步三等奖

1995 年　被认定为“高新技术企业”

1996 年　李国雄被广东省人民政府授予“广东省优秀科技企业家”称号

1996—1998 年　参加编写国内第一本《建筑基坑工程技术规范》、主持编写广东省第一本《建筑基坑支护工程技术规程》

1998 年　被广州市建设委员会任命为政府抢险组织机构的抢险队之一，李国雄被任命为抢险队长

1998 年　主持编写广东省第一本《建筑防水工程技术规程》

2001 年　“广州地铁一号线大型桩基托换”项目获广东省建设厅科技进步一等奖

2002 年　被授予“先进私营企业”称号

2002 年　被授予“重合同，守信用”企业称号

2002 年　被授予“广州市著名商标”

2003 年　中山市自来水厂 7 层商住楼平移工程，获中山市科技进步一等奖

2004 年　被授予“广东省著名商标”

2005 年　通过广东省质量体系认证中心 ISO9001：2000 标准认证

2005 年　广西梧州福港楼平移工程获得世界上最重平移工程吉尼斯世界纪录

2005 年　广州市致准房屋鉴定有限公司成立

2005—2006 年　参加编写《广州锦纶会馆整体移位保护工程记》

2006 年　也门国家航空大楼加固修复工程获得也门政府颁发的荣誉证书

2007 年　广州市鲁班建筑有限公司成立

2007 年　李国雄被评为中国优秀民营科技企业家

2007—2008 年　参加编写《建筑物移位纠倾增层改造技术规范》

2008 年　广州市鲁班化工有限公司成立

2009 年　广州市鲁班建筑加固工程有限公司成立

2009 年　广州市鲁班建筑结构设计事务所有限公司成立

2010 年　参加编写《灾损建（构）筑物处理技术规范》

2011 年　广州市鲁班建筑有限公司更名为广州市鲁班建筑集团有限公司

2013 年　“建筑物位移改造工程新技术及应用技术”获得教育部发明一等奖

2013 年　两项自主研发技术分别获得广东省土木建筑学会颁发的科技奖三等奖

2014 年　一项自主研发技术获得广东省土木建筑学会颁发的科技奖二等奖

2014 年 11 月　李国雄被华南理工大学聘为兼职教授

2014 年 12 月　李国雄承担的科研项目“建筑物移位改造工程新技术及应用”获得 2014 年度国家技术发明奖二等奖

截至 2014 年 12 月，广州市鲁班建筑集团有限公司获得发明专利及实用新型专利共计 20 多项